원 스윗 데이

in 서울 수도권

가까이에 이렇게 좋은 데가 있었어?

이미리 지음

중앙 books
JoongAng Ilbo

익숙한 곳으로의
여행을 떠나며

우리는 매일 즐거울 권리가 있습니다. 1년에 한 번 돌아오는 휴가만 기다릴 수는
없으니까요. 저도 한때는 '해외여행' 노래를 불렀습니다. 매일 비슷한 패턴의
데이트코스도 지겨웠고, 마음에 품었던 저 멀리 다른 나라로 떠나면 금방이라도
인생이 행복해질 것 같았거든요. 하지만 막상 여행을 가면 영원할 것 같던 며칠이
꿈처럼 지나가 버렸고, 원할 때마다 해외로 떠날 수 있는 것도 아니었습니다. 다른
사람들의 여행사진을 보며 가고 싶은 여행지를 스크랩하고 있자니 문득 일상을
너무 홀대하고 있는 것이 아닐까, 하는 생각이 들었죠. 우리가 함께 이야기를
나누며 공원을 거닐던 주말, 도심이 한가하다며 감탄하던 평일 휴가, 금쪽같이
소중한 공휴일을 조금 더 특별하게 보내면 인생 전체가 더 풍요로워질 거라는
기대와 함께요.

이 책은 그렇게 가까운 곳으로 여행하듯 떠났던 사계절의 이야기입니다. 각
지역마다 좋은 장소를 소개하며 그 근처에 들른 김에 함께 가기 좋은 곳들을
'1+1'으로 준비했어요. 서울과 서울 근교에 이렇게나 놓치기 아까운 곳들이
많았다니, 예전엔 미처 몰랐습니다. 좋은 곳에 가서 좋은 기운을 받으면서 일상이
즐거워지고 새로운 영감이 샘솟는 나날들이었습니다.

이렇게 정리하고 나니, 저도 몰랐던 일관된 취향이 한눈에 보입니다. '정말 여기가 맞나' 싶을 때쯤 짜잔 하고 등장하는 널찍한 카페, 자연과 예술을 함께 느낄 수 있는 미술관, 느리게 걸으면 더욱 좋은 공원까지. 책장을 스르륵 넘겨보세요. 평소 좋아하던 장소나 '가보고 싶다'고 생각했던 곳들을 몇 군데 발견하셨나요? 취향이 통한다고 생각된다면 이 책 속 어디를 가도 '스윗한 하루'를 보내실 수 있을 거라고 자신합니다.

여러분께서도 『원 스윗 데이 in 서울 · 수도권』과 함께 삶이 조금 더 사랑스러워지는 경험을 하시면 좋겠습니다. 익숙한 동네에서 새로운 곳을 발견하는 일, 창밖으로 지나가는 풍경을 하염없이 바라보는 일, 숲길을 편안한 발걸음으로 걷는 일, 이런 것들을 진정으로 즐기게 되기를 바랍니다. 그리고 마지막으로, 많은 곳들을 함께 걸어준 남편에게 감사의 말을 전합니다.

2016년 가을, **이미리 드림**

PART
01

봄

1

처음으로 봄바람을 느낀 날

명필름 아트센터

+

스피드파크

매년 그런 날이 돌아온다. 따뜻한 봄햇살, 살랑이는 봄바람을 알아챈
마음이 갑자기 콩닥거리기 시작하는 날. 뭘 해야 할지는 모르겠지만
어쨌거나 봄맞이를 하러 어디론가 떠나야 할 것만 같은 날.
재밌는 문화체험이 좋을까, 신나는 액티비티가 좋을까 고민이 시작됐다.
미루고 미루다 놓쳤는데 재개봉한 영화도 보고 싶고, 도심을 벗어나
모처럼 바람도 쐬고 싶고…… 결론은, 둘 다 하기로 했다.
조금 바쁘게 움직여도 좋을 봄날이니까!

웰메이드 문화콘텐츠로 기분전환
명필름 아트센터

주소 경기도 파주시 회동길 530-20
전화번호 031-930-6600
홈페이지 mf-art.kr
상영관 1관(186석)

영화를 좋아하는 사람이라면 누구나 들어봤을 영화사 '명필름'. 「접속」,
「공동경비구역 JSA」부터 「우리 생애 최고의 순간」, 「건축학개론」까지 꾸준히
흥행작을 탄생시킨 그곳에서 영화를 넘어 문화 전반을 아우르는 '명필름
아트센터'를 개관했다. 영화, 건축, 미술, 공연, 책 등 다양한 문화콘텐츠를 누릴
수 있다는 점에 끌려 첫 번째 코스로 선택했다.
완연한 봄이 왔다고 하기엔 다 지나가지 않은 겨울 느낌이 남아 있었지만, 모처럼
맑게 갠 하늘과 햇살을 만끽하며 쉼 없이 달렸다. 출발지인 집에서 명필름
아트센터가 자리 잡은 파주출판도시까지는 100km가량. 가벼운 나들이치고는
거리가 꽤 있었으나 웬일인지 길은 막히지 않았고, 좋아하는 음악을 틀어놓으니
그저 설레는 드라이브였다.
도착한 곳에는 예상보다 큰 규모의 현대적인 건물이 우리를 기다리고 있었다.

멀리서부터 눈에 띄는 네모반듯한 이 건물은 대한민국 건축계를 대표하는 승효상
건축가의 손에서 탄생한 결과물이다. 파주라면 헤이리마을과 출판도시를 몇 번씩
들러 익숙하다고 생각했던 나도, 동행한 남편도 "이런 곳이 있는 줄 몰랐다"며
놀람을 감추지 못했다. 그동안 함께 보았던 수많은 영화 속에서 접한 명필름이
만든 공간 안에 들어가는 것만으로도 마치 유명 영화배우를 만나는 것처럼 묘한
설렘이 있었다.

명필름 아트센터는, 영화사 명필름이 영화에서 출발한 문화콘텐츠의 발전, 공유,
확장을 목표로 파주출판도시 속의 '영화마을'을 꿈꾸며 설립한 문화공간이다.
제작해온 영화들뿐 아니라 다양한 기획전을 운영하여 흘러간 영화 중 명작들을
다시 볼 수 있는 영화관, 영화·건축·디자인을 테마로 한 확장된 개념의 북카페인
'카페 모음', 콘서트, 뮤지컬, 연극 등 다채로운 공연물을 선보이는 공연장,

예술작품을 접할 수 있는 전시공간 등이 갖춰져 있다. 두 개의 건물이 구름다리로 연결되어 있는데 한 곳은 아트센터, 다른 건물은 영화학교로 운영된다. 제일 먼저 아트센터 지하1층에 위치한 영화관으로 향했다.

일반적인 영화관보다는 아담한 규모에 소란스럽지 않은 분위기가 좋았다. 차분한 그레이 컬러의 벽면에는 명필름에서 제작한 영화 속 장면들이 사진전처럼 전시되어 있었고, 다른 한쪽 벽에는 명대사 전시가 마련되어 있었다. 영화 속 대사들을 타이포그래피 디자인으로 구성한 아이디어가 돋보였다.

로비 중앙에는 지나간 영화들의 메이킹 필름이 전시되어 있어 보지 못한 영화 속 이야기들까지 접할 수 있다. 그 옆에는 영화「건축학개론」에서 등장인물들이 실제로 착장했던 의상과 소품을 전시, 판매하고 있어 흥미로운 구경거리를 제공한다.

대망의 상영관 내부. 영화사에서 직접 운영하는 영화관이니 얼마나 신경을 썼을까 하는 기대감을 가지고 들어섰다. 앞뒤 간격이 넉넉한 좌석, 답답하지 않고 쾌적한 환경이 가장 먼저 눈에 들어왔다. 무엇보다 돋보이는 것은 오랜 영화 제작 경험이 반영된 시스템이었다. 디지털 4K 영사 시스템과 돌비 애트모스 3D 사운드 시스템을 갖춰 더욱 집중해서 영화 감상에 빠져들 수 있었다. 무엇보다 그리 멀리 떠나온 것이 아님에도 일상과 동떨어진 공간에서 보는 첫 영화는 아주 오래도록 기억에 남을 것 같았다. 영화 상영시간표 등 아트센터의 일정은 홈페이지에서 사전에 확인할 수 있고 예매도 가능하다.

다음번에는 콘서트 같은 공연이 있는 날 오리라 다짐하며 카페 모음으로 향했다. 벽면을 채운 책꽂이에는 영화, 건축, 디자인을 테마로 한 북카페답게 제목만 보아도 흥미진진한 책들이 가득했다. 한동안 테이블에 앉지 못하고 책장 주변을 서성이며 커피와 함께 즐길 책을 몇 권 골랐다.

80평쯤 되는 넓은 공간에 통창으로 보이는 탁 트인 풍경, 조용하고 한산한 분위기까지, 커피 한잔하며 책을 읽고 노닥노닥 여유 부리기에 더할 나위 없이 완벽한 공간이었다.

복잡한 생각은 모두 날려 버리자
스피드파크

파주에서도 조금 더 깊숙하게 들어간 곳에 위치한 '스피드파크'를 생각하면 먼저 떠오르는 것이 있다. 그곳을 찾아가던 길에 만난 작은 시골길과 마을의 모습. 차 한 대가 겨우 지나갈 만한 개천길을 따라가니 양 옆으로 수북이 자라난 갈대들이 바람에 이리저리 흔들리고 있었다. 파란 하늘과 어우러져 그림 같은 풍경을 만난 순간부터 답답한 마음이 해소되기 시작했다.

그렇게 스피드파크에 도착했다. 레저카트와 레이싱카트 두 종류의 카트로 2개의 헤어핀코너, 12개의 다양한 코너가 포함된 1.2km의 코스를 달릴 수 있는 곳. '이런 날은 집에 있지 말자. 뭔가 신나는 일을 하자!'는 생각이 들 때 가장 먼저 찾으면 좋은 곳이다.

카트 라이딩을 처음 접한 건 몇 년 전이었다. 그닥 내키지는 않았으나 카레이싱을 무척 좋아하는 남편의 손에 이끌려 카트 운전대를 잡았다. 그날 운전면허조차 없는 나는 난생처음 느껴보는 생생한 속도감에 푹 빠져 신나게 액셀을 밟아댔다. 그 뒤로는 카트장 근처에서 들리는 '쌩쌩' 소리만 들어도 가슴이 두근두근하다.

가장 중요한 '체험 만족도'부터 이야기하자면, 서울 근교 몇 군데를 비롯해 태백, 제주도 등에서 레저카트를 경험했는데 그중 파주 스피드파크가 여러 면에서 최고다. 어떤 곳은 카트가 어린이용인지 액셀을 아무리 밟아도 최고 속도가 너무 느려서 재미가 없었고, 또 다른 곳은 주행코스가 단순해서 달리는 맛이 안 났다. 이 모든 것을 충족시켜 주는 파주 스피드파크에서는 Arting Expert Club에서 주최하는 한국 카트 챌린지 대회가 열리고, 카트뿐 아니라 오토바이, 자동차 동호회에서도 이곳을 찾고 있다. 그만큼 주행코스나 시설 면에서 전문적인 면모가 돋보여 관광객 사이사이에는 레이싱복과 장비를 제대로 갖춘 전문가들이 섞여 있었다. 티켓을 구입하고 대기실에서 기다리다 보면 차례가 금방 온다. 사용법과 주의사항을 자세히 알려주기 때문에 처음 왔다고 해서 걱정할 필요는 없다. 헬멧과 장갑도 티켓을 구입하면 무료 대여가 가능하다.

드디어 우리 차례. 카트에 앉아 출발신호를 기다렸다. 잘 탈 수 있을까 하는 걱정, 스릴 있는 라이딩에 대한 설렘, 옆 사람을 이기겠다는 경쟁심 등이 뒤섞여

주소 경기도 파주시 파평면 덕천리 261-1
전화번호 031-959-0420
홈페이지 www.pspark.co.kr
이용시간 하절기 09:00~20:00, 동절기 09:00~18:00

심장이 쫄깃해진다. 드디어 신호가 떨어지고 액셀을 세게 밟아 속도를 냈다. 직선 구간이 250m로 꽤 긴 편이라 힘차게 달리다가 코너 구간이 나오면 살짝 감속을 하고, 인코스를 찍어 다시 아웃라인을 향해 속도를 높였다. 코너를 돌 때 우연히 드리프트가 되었는데 그때의 스릴감은 정말 짜릿했다. 레저카트의 최고 속도는 시속 50km이지만 체감속도는 시속 100km가 넘는 것처럼 바람을 가르는 기분이 든다.

겁이 무척 많은 편인데 내 안에 이런 질주본능이 있었나 싶어 놀라울 정도. 조금 여유가 생겨 주변을 돌아보니 새파란 하늘과 나무들이 빠른 속도로 지나간다. 달리고 있는 순간만큼은 온갖 번민과 스트레스를 모두 날려버릴 수 있을 것 같았다. 머릿속이 복잡한 사람들에게 강력 추천하고 싶다.

집으로 돌아가는 길. 오랜만에 달리는 맛을 본 남편은 신이 나서 카트 이야기를 멈추지 않는다. 주말이면 늘 내가 원하는 곳을 함께 다녀주는 남편에게도 즐거운 하루였던 것 같아 은연중에 있던 미안함이 해소되었다. 라디오에서 나오는 노래를 흥얼거리는 남편의 옆모습을 흘깃 바라보곤 나도 모르게 흐뭇한 미소가 지어졌다.

여기도
좋아요

Cafe

◆ 나무와 베이커리

ADD 경기도 파주시 탄현면 헤이리마을길 93-123,
헤이리 예술마을 더스텝 작가동 102호
TEL 070-8824-2102
OPEN 평일 10:00~20:00, 주말 10:00~20:00(월요일 휴무)

맛있는 봄소풍을 원한다면

마르쉐 + 학림다방

+

낙산공원

서울
혜화동

영화나 TV에서 파리, 런던 같은 유럽의 도시들을 보다 보면 문득문득
우리 동네로 가져오고 싶은 것들을 발견한다. 내게는 그것이 '마켓'이었다.
골목이나 광장 가득하게 장이 열리고, 동네 사람들은 유쾌한 웃음을
주고받으며 익숙하게 먹거리를 사는 모습. 그 모습들을 지켜보고 있으면
저절로 '저런 게 사는 재미 아닐까' 하는 생각이 들곤 했다. 언젠가부터
우리나라에도 길거리 마켓이 늘어나고 있다. 여러 마켓 소식들을 살펴보며
이번 봄소풍 테마는 '맛있는 추억여행'으로 정해보았다.

마르쉐

각종 디저트, 맥주나 와인, 꽃, 패션 아이템 등 마켓은 점점 더 다양하게, 자주 열리고 있다. 재래시장이나 마을장터에 진한 추억이 있는 세대도 아닌데 거리에 좌판이 쫙 깔린 마켓을 구경할 때면 어찌나 설레던지. 그중에서도 제일 흥미로운 것은 뭐니 뭐니 해도 먹거리를 파는 마켓이다. 한 바퀴 둘러보며 점찍어 두었던 가게에 다시 들러 맛있어 보이는 음식을 조금씩 사서 함께 간 사람과 나눠 먹는 일은 세상에서 가장 행복한 순간이라고 확신한다.

서울에서도 유럽에서 부러워하던 모습의 먹거리 마켓이 열린다는 소문을 들었다. '농부, 요리사, 수공예작가가 함께 만드는 도시형 농부시장'이라는 소개말이

매력적이었다. 실제로 '마르쉐'는 생산자와 소비자가 직접 만나 대화하며 서로에
대해 배워간다는 취지를 가지고 있다. 도시공간에 새로운 활력을 불어넣고,
로컬푸드가 모여 건강한 식문화를 만들어가는 곳이기도 하다. 대학로 마로니에
공원과 양재 시민의 숲처럼 도심 속에 스며들어 있는 쉼터에서 열린다는 점 또한
무척 마음에 들었다.

오늘 코스는 추억이 깃들어 있어야 하기에 조금 더 오래된 느낌을 주는 혜화동으로
향했다. 낮에는 티셔츠 한 장 가볍게 입고, 밤에는 얇은 아우터를 걸쳐줘야 하는
전형적인 봄날이었다. 장터에는 기다렸다는 듯 쏟아져 나온 사람들이 붐비고
있었고, 그 모습은 마치 봄기운처럼 활기차 보였다. 생산자들이 직접 열어놓은
좌판들은 꽤 아기자기해서 프랑스의 한 시골마을에서 열린 마켓처럼 이국적이고
소박한 분위기였다. 크루아상이나 바게트를 팔 것만 같은데 막상 들여다보면
우리네 농산물로 가득 채워져 있다는 게 엄청난 반전 매력이다.

농부팀 코너부터 둘러보니 봄나물, 채소, 곡물, 과일, 청국장 등 우리 농산물의
아름다움과 소중함을 느낄 수 있게 해주는 식재료들이 진열되어 있다.
그 사이사이에는 봄에 나는 제철 재료로 만든 도시락, 주먹밥, 유부초밥, 부침개
등 즉석에서 끼니를 때울 수 있는 간단한 식사 메뉴가 자리하고 있다. 그 밖에도
요리팀에서는 과일 샹그리아, 샌드위치, 케이크, 우리 밀로 만든 빵 같은 다양한
음식들을 판매 중이다.

또한 수공예팀 코너에서는 나무를 직접 깎아 만든 원목 도마, 도자기, 컵,
천연비누, 앞치마나 키친크로스, 천연 염색 스카프 등의 패브릭 제품까지 만나볼

주소 서울시 종로구 대학로8길 1 마로니에 공원
일시 매월 둘째 주 일요일, 10:00~15:00
(넷째 주 토요일에 명동, 양재동 등에서도 열림)
홈페이지 www.marcheat.net

수 있다. 하나도 놓치지 않겠다는 마음으로 신나게 구경하다 보니 여행의 설렘과
옛것에 대한 향수가 동시에 느껴진다. 한편에 열린 다육식물과 꽃, 화분을
판매하는 가드닝 코너에 가서는 화사한 봄 냄새를 만끽했다.
둘러보기를 끝냈으니 이제는 배를 채울 차례. 봄나물 주먹밥을 손에 든 채 아까
눈여겨봐둔 좌판으로 향했다. 한 외국인이 직접 만들어 판매하고 있는 연어
샌드위치! 세 봉지에 만 원이라는 착한 가격에 과일칩도 구입했다. 아담한
마로니에 공원 풍경과 이국적인 분위기, 맛있는 음식까지, 이 순간의 행복함이
온몸에 스며들어 오래도록 남기를 바라게 되는 시간이었다.

시간을 초월한 커피향이 주는 여유

학림다방

주소 서울시 종로구 대학로 119
전화번호 02-742-2877
영업시간 매일 10:00~23:00

장터를 구경했으니 마로니에 공원 맞은편에 위치한 학림다방에 들러 커피를
한잔하기로 했다. 드라마 촬영지로도 유명해져 이야기는 많이 들었으나 막상
연극이나 뮤지컬 관람차 대학로를 찾으면 왜 생각지도 못하고 프랜차이즈 카페에서
시간을 때우곤 했던 건지. '조금은 특별하게 보내고 싶다'는 목적이 아니었으면 또
스쳐지나가 버렸을지도 모르는 곳이었다.
1956년부터 무려 60년이나 영업을 해온 학림다방은 처음 문을 열던 때의 건물을
그대로 쓰고 있는 게 아닌데도 그 시기의 분위기만큼은 고스란히 간직하고 있다.
다방이라는 단어가 잘 어울리는 허름한 입구에서부터 시간여행을 떠나는 듯한

기분이 들었는데, 내부에 들어서서 벽면을 가득 채우고 있는 LP판과 오래된 천
쇼파, 나무 바닥을 보고 있으니 점점 더 향수에 젖어드는 느낌이었다. 인위적으로
꾸며낸 모습이 아니어서 더욱 그랬는지도 모른다.

자리를 잡고 주위를 둘러보면 더욱 묘한 기분이 든다. 꽤 오랜 시간 익숙하게
이곳을 찾아왔을 것 같은 중년의 손님들과 반짝반짝 호기심 어린 눈을 하고
들어오는 20대 초반의 손님들. 특히 혼자 온 여성들이 많았는데, 커피를 한잔씩
시켜놓고 책과 창밖을 번갈아 보는 모습을 지켜보고 있노라면 같은 공간에
있으면서도 왠지 그들의 여유가 부러워진다.

주문한 비엔나커피가 나왔다. 넉넉한 양의 아메리카노 위에 폭신한 생크림이 가득
올라가 있다. 한 모금 들이켜니 향긋한 원두 향과 함께 씁쌀한 커피, 부드러운
크림의 식감이 어우러진다. 오래된 것에서만 느껴지는 특유의 편안함을 느끼며
우리는 한참 동안 말없이 커피 맛을 음미했다.

밀이's 추천 메뉴	
아이스 아메리카노	6,000원
아이스 비엔나커피	6,500원

04

오랜 뒤에도 다시 찾고 싶은 곳
낙산공원

주소 서울시 종로구 동숭동 산2-10
전화번호 02-743-7985

어떤 동네에 애정을 가지려면 그곳을 걸어봐야만 한다. 혜화동과 이화동. 이름도
예쁜 이쪽 동네에 애정이 생기기 시작한 것은 낙산공원을 거닐면서부터였다.
가로수길, 언남동, 경리난길 등처럼 '핫한 동네'로 꼽히는 곳은 아니지만 오랫동안
대학로라는 이름으로 불리면서 번화한 시기를 보냈고, 공연을 사랑하는 사람들뿐
아니라 수많은 젊은이들의 추억이 묻어나는 곳. 나 또한 여러 번 이곳을 찾았으나
낙산공원까지 걸어 올라가는 것은 처음이었다.

마로니에 공원 뒤쪽 골목을 따라 걷다 보니 낙산공원 방향을 가리키는 팻말이
곳곳에서 보였다. 가파른 언덕을 헉헉대며 오르면 낙산공원 입구가 나타난다.
때마침 활짝 피어 있는 벚꽃이 우리를 반긴다. 공원 안쪽으로 더 들어가면
산책로를 따라 풍성하게 우거진 벚꽃나무들이 이어져 있다.

바람이 불 때마다 벚꽃잎이 흩날려 분홍색 꽃비가 내렸고, 바닥에는 온통 꽃잎이
내려앉아 꽃길을 걷는 듯했다. 때때로 보이는 정자 위에도 꽃잎이 떨어져 있었다.
이맘때면 붐비는 여느 꽃놀이 명소들처럼 어마어마한 인파가 몰리지는 않아서
소란스럽지 않게 풍경을 즐길 수 있었다.

이어폰을 나눠 끼고 봄이면 생각나는 노래들을 듣다 보니 주위에 어스름이 깔리기
시작했다. 낙산공원은 지대가 높아 의외로 서울 풍경이 잘 내려다보이는 곳 중
하나다. 흩날리는 벚꽃잎, 산책하며 듣는 노래, 눈앞에 펼쳐진 서울의 야경.
올해로 만난 지 11년째인 나와 남편 사이에 뜻밖의 설렘이 내려앉고 있었다.

여기도
좋아요

Bar

♦ **독일주택**
ADD 서울시 종로구 대명1길 16-4
TEL 02-742-1933
OPEN 매일 12:00~02:00

Cafe

♦ **라 콜롬브**
ADD 서울시 종로구 대학로12길 83 아트원씨어터 1층
TEL 02-518-9199
OPEN 화~토 09:00~22:00, 일/월 09:00~21:00

3

오늘은 혼자 있고 싶어요

사운드갤러리
스트라디움

+

스튜디오 콘크리트

서울 한남동

조금 더 어렸을 때는 무엇이든 혼자 할 줄 아는 사람을 동경했다.
혼자 밥을 먹거나 차를 마시고, 전시나 영화를 보는 일은 어디서나 친구와
재잘대기 바빴던 내게 퍽 낯선 일이었다. 그래서 한편으로 그런 일들을
혼자 하는 사람을 보면 쓸쓸할 것 같으면서도 멋져 보였다. 시간이 흘러
'어른'들만 공유할 수 있는 일처럼 느꼈던 혼자만의 시간을 어느새 나도
즐길 수 있게 됐다. 온전히 내가 원하는 쪽을 선택하고, 내게 결핍된 것들을
채워주는 일. 그러다 보면 평소에는 인지하지 못했던 스스로의 모습을
깨닫기도 했다. 문득 그런 시간이 필요해진 날, 어김없이 길을 나섰다.

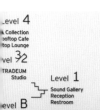

난생처음 경험하는 음악의 전율
스트라디움

좋은 음악 한 곡이 일상을 완전히 바꿔놓을 때가 있다. '이건 진짜 인생노래다!'
싶은 곡을 발견했을 때의 쾌감은 느껴본 사람만이 알 수 있다. 게다가 생각지도
못한 곳에서 '나의 인생노래'를 아주 좋은 음질로 듣게 된다면? 일순간 내 삶이 제법
괜찮은 것 같고, 이런 즐거움이 있는 한 잘 살아갈 수 있겠다는 생각까지 든다.
나는 '스트라디움'에서 그런 순간을 만났다.

다채로운 방식으로 음악을 즐길 수 있는 음악박물관. 우리에겐 MP3플레이어로
익숙했던 아이리버가 만든 음악만을 위한 공간이다. 한강진역에서 이태원역으로
가는 길을 자주 걸었던 사람이라면 만 개의 나무벽돌로 장식하여 고급스러운
외관을 보며 한 번쯤 "저기는 뭐하는 곳이지?" 하고 의문을 품었을지도 모른다.
낯선 분위기를 풍겨 접근하기 어려워 보이지만 이용법은 간단하다. 문을 열고
들어가자마자 우측에 위치한 리셉션에서 입장권을 사고 지하 1층~지상 3층에서
음악을 마음껏 즐긴다. 그런 뒤 4층으로 올라가 입장권에 포함된 음료 1잔
이용권으로 커피 등을 받아 라운지에서 휴식을 취하면 된다.

먼저 지하 1층으로 내려갔다. 10여 명이 함께 음악을 감상할 수 있는 뮤직룸은 클래식재즈와 팝월드 2개였는데, 그중 팝월드로 들어갔을 때였다. 그토록 좋아하며 즐겨 듣던 George Benson의 「Six play」가 흘러나오고 있는 것이 아닌가! 누가 들어도 단번에 알 수 있을 만큼 고음질 사운드가 가득 차 있는 방 안에서, 난생처음 음악이 주는 전율을 느꼈다.

사실은, 지하 1층에 내려가면 펼쳐지는 개인 청음 공간에서부터 나는 이미 그 모든 것에 반해 있었다. 뮤직룸 쪽을 제외한 벽면을 서재처럼 꾸미고, 사이사이 혼자 조용히 음악을 감상할 수 있는 벙커 같은 느낌의 자리가 있다. 각각의 자리에는 천여 곡이 담긴 뮤직 플레이어와 헤드셋이 세팅되어 있다.

책을 몇 권 뽑아들고 그중 한 자리에서 음악을 듣기 시작했다. 비틀즈, 이글스, 노라 존스, 콜드플레이 등 오랜만에 듣는 명곡들과 새로 발견한 곡들을 나만의 플레이리스트에 추가하고 무한반복. 주변 소음이 완벽히 차단되는 헤드셋을 끼고 음악에 젖어 있으니 세상과 아예 단절된 느낌이 든다. 어떤 연락도 받고 싶지 않고, 어떤 고민도 떠오르지 않는다. 한참 동안 눈을 감은 채 오롯이 음악에만 집중하는 시간을 보냈다.

1층으로 올라가면 사운드 갤러리가 있다. '음악은 우리를 어떻게 사로잡는가?'라는

주소 서울시 용산구 이태원로 251 스트라디움 빌딩
전화번호 02-3019-7500
홈페이지 www.stradeum.com
이용시간 화~토 11:00~21:00,
일요일 11:00~19:00 (월요일 및 명절 당일 휴무)
입장료 1인 10,000원

주제로, 유명인들의 음악 명언을 벽면 가득 채워두었다. 쭈욱 읽다 보니 "행복할 때 음악이 들리고 슬퍼질 때 가사가 들린다"는 문구가 가슴에 콕 박힌다.

한편에는 스트라디움의 뮤직 큐레이터들이 선곡한 음악을 들을 수 있는 설비가 되어 있다. 이 역시 고음질 음원 플레이어인 아스텔앤컨(Astell&Kern)을 통해 감상해볼 기회. 내가 갔을 때는 '몸을 맡기고(dance)/비오는 날(rainy day)/ 영화 속에서(cinema)/재즈바에서(jazz)/별이 빛나는 밤에(가요)' 등등 주제별 음악을 들을 수 있었다.

2,3층은 탁 트인 스트라디움 스튜디오. 이곳에서는 음악 공연, 레코딩, 강연, 파티 등이 이뤄진다. 비틀즈의 녹음 스튜디오를 설계했던 샘 토요시마가 음향 설계를 총괄했으며, 소리가 오래오래 머물도록 곳곳에 있는 흡음판을 열고 닫을 수 있다고 한다. 특별 공연은 별도로 티켓을 구입해야 하고, 공연이 없을 때는 누구나 음악을 감상할 수 있도록 주제에 따라 선곡한 음악을 틀어둔다. 마치 예배당이라도 들어간 것처럼 경건한 자세로 클래식 연주곡을 귀에 담았다.

4층에 위치한 루프탑 라운지에서는 폴 바셋 커피를 한잔 마시며 햇살이 잘 드는 테라스 자리를 구경했다. 그러곤 다시 실내로 들어가 스트라디움에서의 경험을 곱씹었다. 사실 내 머릿속엔 어떻게 하면 작은방을 개조해서 음악 감상을 위한 뮤직룸을 만들어볼까, 하는 생각이 가득했다. 완벽히 실천하지는 못했지만 집으로 돌아와 정말 마음에 드는 스피커를 하나 장만하기도 했다.

스트라디움에서 들었던 곡을 다시 들을 때마다 그때의 쿵쾅거림이 되살아난다. 이 엄청난 쾌감을 독자 여러분 모두가 느끼게 되기를 간절히 바란다.

신선한 영감이 모락모락 피어오르는 곳
스튜디오 콘크리트

북적거리는 이태원에 비하면 상대적으로 조용하고 여유로운 북한남 삼거리에 꽤
특이한 공간이 있다. 아주 허름했던 단독주택을 개조해 자연스러운 빈티지함이
묻어나는 곳. 단순해 보이는 공간 속에서 예상보다 더 다양한 생각들이 떠오르는
곳. 일명 '유아인 카페'로 불리는 '스튜디오 콘크리트'다.
블루스퀘어 맞은편인 이쪽 동네는 아주 예전에 윤세영 식당을 찾아왔을 때를
제외하면 처음이다. 바로 그 골목으로 들어가면 스튜디오 콘크리트를 발견할 수
있는데, 원래 주택의 느낌과 세련된 인테리어가 어우러져 더 멋스럽고 외벽에
듬성듬성 남겨진 붉은 벽돌은 이국적인 분위기를 낸다.

이름만 들었을 때는 '사진 찍는 스튜디오인가?' 싶지만 여러 가지 기능을 가진 곳이다. 소개말을 인용하자면 "스튜디오 콘크리트는 예술적인 배경을 가진 80년대 출생 멤버들이 출범한 아티스트 그룹(이 그룹의 대표가 배우 유아인이다)"이며, "이 공간은 멤버들의 활동 거점이 되는 곳으로 갤러리, 라이브러리, 아틀리에 및 샵, 카페가 복합된 오픈형 종합 창작 스튜디오"다. 이용객 입장에서 쉽게 설명하면 젊은 작가들의 작품을 볼 수 있는 전시와 차 한잔 할 수 있는 카페가 공존하는 곳이다.

갤러리 겸 카페 공간으로 쓰이는 1층에 들어서면 현재 전시 중인 작품들이 가장 먼저 눈에 들어온다. 예술을 잘 안다고 할 수는 없지만 감각적인 공간에 걸린 작품들을 보니 왠지 나도 모르게 신중하게 하나하나 들여다보는 자세를 취하게 됐다. 카페 공간에는 커다란 원목 테이블이 있어 자유로운 분위기가 느껴졌고, 한쪽 벽은 통창으로 되어 한갓진 주택가 골목길이 내다보이는 것이 매력적이었다. 근처에 매장이 있다는 프랑스 브랜드 THEODOR(테오도르)의 홍차를 한잔 시켰다. 테이블에 앉아서도 계속 전시 작품들을 물끄러미 바라보았다. 여느 갤러리에 들어갈 때면 약간 긴장을 하게 되지만 이곳은 젊은 예술가들 특유의 자유로움이 느껴져서 편안했다. 전시가 바뀔 때마다 찾으면 매번 다른 풍경 속에서 차를 마실 수 있어 좋겠다는 생각이 들었다.

주소 서울시 용산구 한남대로 162
전화번호 02-792-4095
영업시간 월~토 11:00~20:00 (일요일, 공휴일 휴무)

2층으로 올라가면 스튜디오 콘크리트에 소속된 아티스트들이 작업하는
아틀리에와 테라스 공간이 있다. 테라스로 나가는 복도에 놓인 또 다른 작품들과
한쪽에 배치된 소파, 테이블을 보면서는 뜻밖의 물욕이 일었다. 물건뿐 아니라
묘한 분위기를 나도 소유하고, 소비하고 싶은 마음을 들게 하는 곳이다. 그림을
그리거나 사진을 찍는 작가들처럼 '아티스트'라 불리는 사람은 아니지만 자꾸만
뻔해지는 것 같은 일상 속에서 크리에이티브해지고 싶은 욕구와 신선한 영감을
얻었다. 3층 루프탑 테라스까지 둘러본 뒤 집으로 돌아가면서도 새로운 무언가에
대한 열망은 커져 갔다.

<table>
<tr><td colspan="2">밀이's 추천 메뉴</td></tr>
</table>

코코넛 라떼	5,000원
THEODOR 스페셜티	6,000원

♦ 여기도 좋아요

Shop ♦ **바이닐앤플라스틱**
ADD 서울시 용산구 이태원로 248
TEL 02-2014-7800
OPEN 화~토 12:00~24:00,
일/공휴일 12:00~18:00(월요일 휴무)

Cafe ♦ **PEER COFFEE ROASTERS**
ADD 서울시 용산구 이태원로54길 58-3 1층
TEL 02-474-1464
OPEN 피어커피 1호점 평일 10:00~18:00,
주말 12:00~10:00(월요일 휴무)
피어커피 2호점 매일 12:00~10:00(화요일 휴무)

4

차분하게 감성지수 높이고 싶은 날

위트앤시니컬

+

초원서점

+

퇴근길 책한잔

'동네책방 전성시대'가 돌아오고 있다. 대형서점에 밀려 손에 꼽히던
독립서점들이 '나만의 공간', '취향 저격' 등의 수요가 늘어남에 따라
우후죽순처럼 생겨나고 있는 것이다. 지하철 2호선 이대역 근처, 이름도
낯선 염리동 소금길과 신촌 기찻길 옆에도 개성 강한 동네책방들이 자리 잡았다.
어릴 적 신발주머니를 흔들며 지나다니던 집 앞 골목길 같은 곳에서
몇몇 트렌디한 가게들을 발견하고 구경하는 재미란! 오래오래 간직할 책을 발견할
거라는 기대감을 안고 서점투어를 시작했다.

서울 대현동&염리동

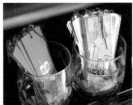

이토록 시적인 공간
위트앤시니컬

신촌 기차역 맞은편이자 이대 번화가 초입에 서점 '위트앤시니컬(witncynical)'이
자리하고 있다. 도로변에 있는데도 간판을 눈에 띄게 달아놓지 않아 그냥 지나치기
쉬운 공간이다. 하지만 차분한 외관과는 달리 문을 열고 들어서면 이곳을
찾은 사람들의 활기찬 기운이 느껴진다. 음반사 파스텔뮤직이 운영하는 '카페
파스텔' 안에 음반, 서적, 문구 등을 판매하는 편집숍 '프렌테'와 시집을 판매하는
위트앤시니컬이 숍인숍으로 들어와 있어 복합문화공간처럼 한데 어우러져 있다.
서점 주인은 9년간 출판사에 몸담았던 편집자이자 현역 시인인 유희경 작가다.
1500여 권의 시집을 판매 중이고, 점차 좋은 소설이나 산문도 함께 다룰

예정이라고 한다. 이곳에서 단연 눈에 띄는 것은 햇볕 잘 드는 창가에 시집이 진열된 서가다. 그날그날 다른 주제로 유희경 시인이 직접 선정한 시집들을 채워놓는다. 다른 시인이나 소설가가 방문해 써놓은 추천 코멘트를 읽는 것도 소소한 즐거움이다.

나처럼 시를 잘 모르지만 '국어시간에 배우던 것'에서 벗어나 이제 좋은 시를 접해보고 누리고 싶은 사람이라면 유희경 시인에게 추천을 받아보자. "마음의 안정이 필요할 때 시를 읽고 싶다"고 말하자 오늘의 기분상태와 좋아하는 노래를 되묻는다. "머릿속이 복잡하고 생각이 많다"는 내 대답을 듣고는 마치 시 소믈리에처럼 시집 몇 권을 권해주셨다. 받아들고 몇 장을 슬쩍 읽었는데 벌써 마음에 꽂히는 문장들을 발견했다. 정말 오랜만에, 시집 세 권을 구입했다.

중앙에는 '시인의 책상'이라는 공간이 마련되어 있다. 매달 선정되는 시인의 시집을 보며 방문객이 직접 필사를 해볼 수 있는 코너다. 시인에게 전하고 싶은 말을 함께 적어도 된다. 한 권의 시집이 끝까지 필사되면 시인에게 선물로 전달된다고 한다. 어떻게 이런 생각을 했을까, 태어나 보고 들은 것 중 가장 낭만적인 공간이다.

주소 서울시 서대문구 신촌역로 22-8 3층 카페 파스텔 내부
전화번호 070-7542-8972
인스타그램 @witncynical
영업시간 화~일 11:00~23:00 (월요일 휴무)

집에 가면 시집을 구매하고 받은 위트앤시니컬 제작 '원고지 노트'에 나도 마음에
드는 시를 필사해보리라 다짐했다.

위트앤시니컬에서는 매주 목요일에 시인과 함께하는 시낭독회가 열린다.
특이한 점이라면 토크쇼 형태로 진행되는 여느 낭독회와는 달리 정말 '시 작품
낭독'으로만 이뤄진다는 점이다. 티켓 가격은 15,000원으로 아메리카노 혹은
생맥주, 정가 9,000원 이하의 시집 한 권이 함께 제공된다. 입장권은 프렌테
홈페이지(frente.kr)에서 구입할 수 있다.

주소 서울시 마포구 숭문16나길 9
전화번호 02-702-5001
인스타그램 @pampaspaspas
영업시간 화~일 13:00~21:00 (월요일 휴무)

소금길이라 불리는 이대역 5번 출구 근처 언덕길을 오르면 초원서점을 만날 수
있다. 2016년 5월에 오픈한 곳이지만 이 오래된 동네만큼이나 세월이 묻어나는
모습을 하고 있다. 어두운 브라운색을 띄는 앤티크 가구들과 버건디 컬러 카펫,
LP판들과 CD가 꽂혀 있는 책장, 오래된 스피커…… 이곳을 구성하는 모든 것들이
어우러져 클래식하고 고풍스러운 분위기를 뿜어낸다. 산뜻하고 젊은 분위기의
위트앤시니컬과는 완전히 다른 느낌이어서 독립서점이 얼마나 주인의 취향을 잘
담고 있는지 또 한 번 깨달을 수 있었다.

LP 플레이어에서 올드팝이 흘러나오고 있다. 눈치 챘겠지만 이곳은 음악과
관련된 책들을 판매하는 음악서점이다. 한 번도 제대로 읽어본 적 없는 음악서적은
생각보다 다양했다. 음악평론가들이 음악에 대해 쓴 책도 있고, 위대한 음악가들의
평전, 국내 가수들을 비롯해 음악가들이 쓴 에세이 등등. 60~70년대 음악을
좋아하는 주인의 선곡에 귀 기울이는 재미도 있다.

무라카미 하루키와 한 지휘자의 대담이 엮인 책을 읽을까, 아니면 김중혁 작가가

쓴 음악에 대한 산문을 읽을까 고민하며 책장을 살펴보다가 내가 좋아했던
인디 뮤지션이 쓴 책을 발견했다. 노래만 즐겨 듣는 정도의 팬이어서 책을 쓴
줄도 몰랐는데! 반가운 마음에 한참 그 책을 보고 있으니 여태 조용히 노트북을
들여다보고 있던 주인 분께서 말을 붙인다.
"여기 의자에 앉아서 편하게 책 보셔도 돼요."
그러면서 테이블을 슥슥 치우고는 다시 자리로 돌아간다. 이 적당한 거리감이
좋았다. 크지 않은 공간이지만 책에만 집중할 수 있는 분위기와 마음껏 책을 볼
수 있도록 배려하는 듯 고객이 뭘 하든 크게 신경 쓰지 않아주는 것. 덕분에 작은
상점에 들어설 때의 부담감을 떨칠 수 있었다.
책을 구입하면 커버 안쪽에 그날 날짜와 초원서점 로고가 새겨진 도장을 찍어준다.
언제 어디서 이 책을 샀는지 기억해달라는 의미란다. 서점 입구 쪽에는 코팅해서
색실을 묶어둔 책갈피가 놓여 있다. 오래전에 사라진 것들을 자꾸 발견하는
시간이다. 책방을 나서니 어느새 날이 어둑해지고 있었다. 서점 안이 더욱 환하게
들여다보인다. 이곳의 빈티지한 분위기에 노란 불빛이 더해지니 영화 속 한 장면
같기도 했다.

모두 모여서 가볍게 건배!

퇴근길 책한잔

주소 서울시 마포구 숭문길 206
전화번호 010-9454-7964
홈페이지 blog.naver.com/booknpub
영업시간 수~금 15:00~21:00,
토~일 14:00~20:00 (월/화 휴무)

상호에서 알 수 있듯이 이곳은 퇴근길에 들러 책 한 권 고르거나 혹은 술 한잔
하는 것도 가능한 곳이다. 물론 차 한잔도 가능하다. 앞서 소개한 두 서점과 달리
특정 장르만을 취급하는 것은 아니고 장르 불문 독립출판물을 주로 다룬다. 어떤
분위기일지 가장 궁금한 곳이었다.

작은 입간판을 발견하고 기웃기웃하다 안으로 들어섰다. 반듯하게 세팅되지
않은 서가와 안쪽 소파에서 책을 읽고 있는 주인의 모습이 마치 개인 작업실 같은
느낌을 준다. 입구 쪽에는 서점 주인이 읽었던 책들 중에서 추천하고 싶은 책들을
모아두었다.

독립출판물이 많다 보니 서점을 자주 들르는 나도 난생처음 보는 책들이 많았다.
두어 권 골라 진열된 책 사이에 놓인 의자에 앉았다. 잔잔하게 흘러나오는
인디밴드의 음악 덕분에 책이 술술 읽히는 기분이었다.

서점 공간의 절반을 차지할 정도로 넉넉하게 배치한 테이블과 소파는 이곳에 앉아
술이나 차를 마시며 책을 볼 수 있도록 마련한 것이다. 주로 금요일 밤에 열리는

'책한잔 상영회'의 상영관 역할을 하기도 한다. 주인이 그때그때 고른 영화를 빔 프로젝터로 틀어놓고 함께 감상하는 시간인데, 음료 한잔 값을 내면 참여할 수 있다. 그 밖에 다양한 장르의 워크숍이나 소규모 공연 등 모두가 소통하며 즐길 수 있는 문화공간으로서도 활약 중이다. 이곳뿐 아니라 대부분 독립서점에서는 이런저런 이벤트를 정기적으로 열고 있어 색다른 경험을 해볼 수 있다.

세 곳의 공통점이 있다. 대형서점이 주는 익명성의 편안함을 의식한 탓인지 크지 않은 공간에서도 방문한 사람들과 적당한 거리를 유지한다는 것. 그렇게 무심한 듯 보여도 말을 걸거나 질문을 하면 친근하고 친절하게 답변해준다는 것도. 그래서 아담하고 감성적인 공간들을 더 편안하게 누렸다. 이 공간들과 더 친해지고 싶다면 각 서점 주인들이 활발하게 운영 중인 SNS를 들어가 보시길!

여기도 좋아요

♦ 머스타드

(Cafe)

ADD 서울시 마포구 숭문16길 4
TEL 02-719-2323
OPEN 월~금 07:00~21:00, 토~일 12:00~21:00

♦ 밀랑스

(Cafe)

ADD 서울시 마포구 대흥로28길 5
TEL 010-2553-3419
OPEN 화~금 11:30~21:30, 토 11:30~18:30 (일/월 휴무)

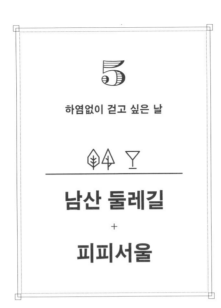

5

하염없이 걷고 싶은 날

남산 둘레길

+

피피서울

서울 남산

기분전환을 하는 데는 산책만 한 것이 없다. 좋아하는 장소를 걷고 있으면
이런저런 복잡한 생각이 어느새 정리되고, 누군가와 함께 산책을 하다 보면
뜻밖의 속내까지 얘기하게 되기도 한다. 그 홀가분함을 알면서 점점 더
걷는 일을 좋아하게 됐다. 서울에서 대표적으로 걷기 좋은 곳은 한강,
그리고 남산이다. 이번에는 한 번도 걸어보지 않은 경리단길 쪽 입구를
선택하기로 했다. 봄, 산책, 그 끝엔 야경과 함께 하는 칵테일 한잔.
이 완벽한 코스를 함께 떠나보자.

❧

서울생활의 숨구멍 같은 곳
남산 둘레길

'완연한 봄이 왔으니 남산 한번 가줘야지!' 하며 평일을 버티고, 주말 아침을
맞이했다. 겨우내 산책다운 산책을 하지 못했다면 이제는 좀 걸어줘야 할 때다.
남산 꼭대기에 있는 N서울타워까지 올라가는 길은 다양하다. 명동역 근처
언덕길, 충무로 한옥마을 뒷길, 동국대학교 캠퍼스 옆길 등등. 공식적인 진입로만
15개라고 한다. 그중에서도 오늘은 이태원 근처 경리단길 꼭대기쯤에서 시작하는
루트를 선택하기로 했다. 산책을 마친 뒤에 관광객에게 떠밀려 다니기보다는
분위기 좋은 바에서 좀 더 시간을 보내고 싶었기 때문이다.
봄이 와도 새벽이면 쌀쌀한 기운이 감돌아 이불을 둘둘 말고 잤는데 이날은 얼굴
밑까지 덮고 자던 이불을 떨치며 일어날 정도로 따뜻한 날씨였다. 평소보다 일찍
일어난 김에 서둘러 경리단길로 향했다. 남산 야외식물원 옆에 있는 주차장에
주차를 하고 장진우 식당으로 유명한 회나무길 쪽으로 내려갔다. 아직 시간이 일러

사람이 없는 거리를 구경하다 끼니를 해결했다.

커피를 사들고 다시 걷기 시작했다. 저 멀리 남산타워가 또렷하게 보인다. 도로 양
옆으로는 풍성한 초록색 옷을 입은 나무들이 늘어서 있고, 구름 한 점 없는 새파란
하늘도 함께 보였다. 소중한 사람과 함께 산책하기 좋은 날이다.

야외식물원 근처에 있는 작은 공원에서 남산 둘레길 입구를 발견했다. 아이와
함께 소풍 온 가족들, 강아지와 함께 산책 중인 사람들이 보였다. 조금 더 걸으니
작은 연못이 있었다. 물결이 잔잔하고 예쁜 연못이었다. 핫플레이스를 찾아 이쪽
동네를 자주 와봤음에도 이런 연못이나 둘레길 입구가 있는 줄은 몰랐다.

남산 둘레길로 본격 진입하니 숲이 우거져 풍경이 달라졌다. 생각보다 쨍한 햇살에
선글라스를 아쉬워했는데 나무 그늘 덕분에 곧장 눈부심은 해결되었다. 사람이
없어 너무 횡한가 싶었지만 조금 더 걸으면서 등산복 차림을 한 아주머니 아저씨,

운동복을 입고 조깅하는 사람들, 우리처럼 대화를 나누며 걷는 커플들도 만나게 됐다.

울창한 나무들 사이에서 상쾌한 공기를 마시며 한참을 걸었다. 끝까지 가면 N서울타워를 만날 수도 있으나 생각보다는 거리가 멀어서 다시 뒤돌아 내려왔다. 아래 공원만으로도 좋은데 이렇게 둘레길까지 연결되다니. 앞으로는 남산에 가고 싶을 때 가장 먼저 이 코스를 찾게 될 것 같았다. 우리의 산책은 이쯤에서 멈췄지만 혹시 체력이 남았다면 근처에 있는 야생화공원도 한 바퀴 돌아보길 권한다.

서울에서 방콕의 낭만을 만나다
피피서울

남산 야외식물원 주차장 맞은편, 그러니까 남산체육관 근처를 걷다 보면 단번에
눈에 띄는 곳이 있다. 서울에서 만날 수 있는 '루프탑 바'를 꼽으면 절대 빠지지 않는
곳, 이국적인 옥상 테라스가 돋보이는 곳, '피피서울'이다.
입구로 향하는 정류장 옆 계단을 내려갈 때부터 왠지 방콕 여행에서 카페를
찾아다니던 느낌이 났다. 1층 실내공간으로 들어가니 더더욱 그랬다. 천장에
대롱대롱 식물들이 매달려 있어 요즘 대세인 '그린테리어(식물과 어우러진
인테리어)'를 진작부터 활용하고 있었구나 싶었다.
옥상에 있는 라운지가 유명한 곳이라서 그곳을 기대했는데 예상치 못하게 1층부터

반하고 말았다. 여기서 시간을 보내도 좋겠다 싶었지만 목적은 옥상 라운지!
실내가 방콕의 한 카페 같았다면 옥상은 태국 휴양지 리조트 느낌이 물씬 난다.
실제로 이곳의 대표는 태국에서 오랫동안 머물다 돌아오며 그 문화를 들여왔다. 나
역시 처음으로 태국 여행을 갈 때 이름도 생경한 루프탑 바를 가겠다며 끊임없이
검색했던 추억에 잠겼다.

리조트 야외 수영장 옆에 휴식을 위해 준비된 카바나를 연상케 하는 소파 공간은
흰 천이 바람에 날려 펄럭이는 모습이 더해져 이국적인 분위기를 자아내고
있었다. 해외에서 루프탑 바는 어느 정도 드레스업 해야만 들어갈 수 있는 약간은
부담스러운 곳이었는데, 이곳은 방문한 손님들의 복장이 자유롭고 일하고 있는
직원들의 복장도 스타일리시하지만 캐주얼해서 자유분방한 느낌을 받았다.

이태원 일대가 내려다보이는 테이블에 자리를 잡고 눈앞에 펼쳐진 광경을
감상했다. 어쩜 이런 위치에 이런 가게를 냈는지. 사장님을 찾아가 감사 인사라도
하고 싶은 심정이었다. 오전에 걸어 다닌 회나무길, 밥 먹었던 가게, 종종
찾아갔던 카페 위치를 찾아보며 내려다보는 재미를 즐겼다.

판매 중인 메뉴 또한 이국적이다. 태국식 타파스와 그릴 메뉴, 타이밀크티나
땡모반과 같은 태국 스타일 음료, 열대과일을 이용한 트로피컬 칵테일 등이 있다.
물론 커피 메뉴도 갖춰져 있다. 아직 배가 고프지 않아서 패션푸르츠 모히토와
타이 모히토를 주문했다. 둘 다 상큼하고 프레시해서 한 모금 한 모금 들이켤

주소 서울시 용산구 소월로44가길 3 2층
전화번호 02-749-9195
홈페이지 www.facebook.com/ppseoul
영업시간 평일 14:00~24:00, 주말 13:00~02:00

때마다 지친 몸이 조금씩 치유되는 것 같았다.

한 잔을 다 비울 때까지 계속해서 휴양지에서의 아름다운 순간들이 리마인드되는 공간. 함께 자리한 사람들과 당장이라도 여행을 계획하게 만드는 곳. 지금 바로 여행을 떠날 수는 없었지만 상상만으로도 행복한 시간을 보낼 수 있었다.

밀이's 추천 메뉴	
패션푸르츠 모히토	20,000원
타이 모히토	20,000원

Food

◆ **스핀들마켓**
ADD 서울시 용산구 회나무로 66
TEL 02-796-7436
OPEN 매일 11:30~22:00

Bar

◆ **하베스트남산**
ADD 서울시 용산구 소월로44가길 7
TEL 02-793-2299
OPEN 매일 12:00~22:00 (브레이크타임 14:30~17:30)

6

자연의 치유가 필요한 날

양재동 꽃시장

+

시민의숲

서울 양재동

나이를 한 살 한 살 먹을수록 알게 된다. 사람은 자연에서 생각보다
더 많은 에너지를 얻고 있다는 것을. 그런 것에 무심한 편이었던 나도
어느 날 길가에 핀 꽃 한 송이가 너무 예뻐서 눈을 떼지 못하는
경험을 했다. 테이블 위 화병에 꽂아둔 장미 몇 송이, 풀냄새를 들이마시며
걷는 산책길, 눈을 편안하게 해주는 초록색…… 자연이 주는 행복을
깨달으면서부터 일상은 분명 더 풍요로워졌다. 그렇게 나는 자연을
그리워하고 찾아 헤매는 도시여자가 되었다.

꽃 피는 봄이 오면
양재동 꽃시장

주소 서울시 서초구 강남대로 27 AT Center
전화번호 02-579-3417
영업시간 월~토 1,2층 생화도매 00:00~13:00,
부자재 시장 01:00~15:00
(주중 법정 공휴일은 정오까지 영업, 일요일 휴무)

아무런 이유 없이 꽃을 산 것은 처음 꽃시장에 왔을 때였다. 이곳에 와서야
깨달았는데, 나에겐 꽃시장에 대한 로망이 있었던 것 같다. 누군가의 졸업식도
아니고, 어버이날 으레 구입하는 카네이션도 아닌 나를 위한 꽃을 사는 일. 늘
염두에는 두고 있었으나 쉽게 발길이 닿는 곳은 아니었다.

고민 끝에 노란 튤립을 고르고, 신문지에 둘둘 말린 튤립 한 단을 받아 들었을 때의
설렘은 좋은 화장품, 좋은 옷, 좋은 그릇을 샀을 때와는 전혀 다른 느낌이었다.
청순한 꽃집 아가씨라도 된 것처럼 자랑스레 꽃을 껴안고 집으로 돌아왔던 기억이
난다. 그 이후로 꽃시장은 가장 쉽고 빠르게 기쁨을 얻을 수 있는 장소로 자리
잡았다.

봄이 다 지나가기 전에 꽃시장에 들르기로 했다. 어느 계절에 가도 상관은 없지만
봄에는 좀 더 다양한 종을 만날 수 있다. 무엇보다 '봄과 꽃'은 세상에서 가장
아름다운 조합이 아니던가.

양재동뿐 아니라 대부분의 꽃시장은 밤 12시에 문을 열고, 오후 1시쯤 문을
닫는다. 꼭두새벽에 움직일 자신이 없어 꽃쇼핑에 도전하지 못했다면 점심 먹기
전에만 가도 꽃을 살 수 있다는 얘기다. 하지만 양재동, 고속터미널, 남대문시장
등의 꽃시장을 다양하게 경험한 결과, 문을 닫기 직전에 가면 원하는 꽃은 이미
다 팔리고 폐장 분위기인 경우가 많아서 아쉽다. 그래서 주말 아침 늦잠은 삶의
낙이지만 꽃시장에 가는 날만큼은 과감히 포기하고 아침 일찍 서두르곤 한다.
1층 생화시장에 들어서는 순간, 온몸을 화사한 기운이 감싼다. 장미, 튤립, 작약,
수국, 라넌큘러스, 리시안셔스…… 이름을 아는 꽃부터 생소한 이름을 가진 수입
꽃들까지, 보기만 해도 싱그럽고 신비롭다. 빼곡하게 진열되어 있는 꽃들 속을
걷고 있자니 안 예쁜 꽃이 없어 도무지 어떤 것을 사야 할지 모르겠다. 쇼핑할
때 무언가가 맘에 들면 다른 매장은 보지도 않고 사버리는 성격인데 이곳에서는
후보를 꼽아가며 1,2층 생화시장을 뱅뱅 돌았다. 물론 고민의 과정 또한 꽃쇼핑의
커다란 즐거움이라서 좁은 통로를 지나다니며 길을 잃어도 마냥 좋기만 하다.
꽃시장의 가장 큰 매력은 역시 가격이다. 도매시장이므로 굳이 흥정을 하지 않아도
여느 꽃집에서 '한 송이' 살 값이면 '한 단'을 살 수 있다. 비록 센스 있는 포장이나
물처리 같은 것은 없지만 신문지에 둘둘 말아주는 것마저도 괜스레 '느낌 있어'
보인다. 물에 담가놨던 꽃을 바로 싸주기 때문에 신문지 끝이 젖어버리는 경우가
많아 구입한 꽃들을 잘 담아올 비닐 쇼핑백 등을 준비하면 좋다.
종류별로 화사한 꽃을 한 아름 사서 애지중지 품에 안고 나오는 길, 너무 열심히
구경했는지 허기가 진다. 눈여겨봐뒀던 꽃시장 바로 앞 토스트집에서 간단한
식사를 했다. 이날은 들르지 않았지만 생화 도매시장 맞은편에는 각종 화초와
화분을 파는 분화 도매시장이 있으니 저렴하게 식물을 들여놓고 싶은 분들은
참고하시길 바란다.

시민의숲

우리들의 울창한 나무 그늘이 되어줘
시민의숲

양재천을 따라 걸어본 적은 있었지만 시민의숲은 처음이었다. 지나다닐 때마다
버스정류장과 지하철역 이름으로 반복해서 들었고, '오늘은 어딜 가볼까' 하는
주말들 속에서 이곳을 생각해내지 못했던 것도 아닌데 이제야 찾게 되었다.
도착해서 '시민의숲' 속을 걸으며 서울에도 푸릇푸릇한 자연을 쉽게 만날 수 있는
곳이 이렇게 많구나, 앞으로도 찾아가볼 곳은 무궁무진하겠구나, 생각했다.
말 그대로 시민을 위한 숲에는 화창해진 날씨에 산책을 즐기러 나온 시민들이
가득했다. 아이 손을 잡고 걷는 가족들, 데이트 나온 연인들, 트레이닝복을 입고
익숙하게 운동하는 인근 주민들, 모두가 해사한 표정이었다.
특별히 코스랄 것은 없어 사이사이로 난 오솔길을 따라 걸었다. 초여름을 향해
가는 날씨라 나무는 제법 우거졌고, 뜨거운 햇살을 가려주는 나무 그늘 아래에
있으니 우리의 평온함을 나무들이 보호해주고 있는 것만 같았다. 크게 숨을
들이마시면 풀냄새와 흙냄새가 흠뻑 들어온다. 때때로 나뭇잎 바스락거리는

소리가 들려 안락함이 더해졌다. 수풀 사이에 그늘막을 쳐놓고 도심 속 캠핑을 즐기는 사람들을 보며 다음엔 꼭 피크닉매트 하나라도 챙겨보리라 다짐했다. 조금 더 특별한 장면도 목격할 수 있었다. 바로 웨딩스냅을 찍고 있는 예비부부! 초록색 배경과 하얀 드레스는 환상적인 분위기를 자아냈고, 그들의 환한 미소가 아직도 잔상처럼 기억에 남는다.

우리의 목적은 그저 산책이라 다른 시설을 이용할 일이 없었지만 시민의숲에는 농구장, 배구장, 테니스장이 있어 동호회 활동이 가능하고, 산책 후에는 양재천을 따라 들어서 있는 카페거리에서 편안한 시간을 보낼 수 있다.

주소 서울시 서초구 매헌로 99 양재시민의숲
전화번호 02-575-3895

Cafe

♦ 세컨브레스
ADD 서울시 서초구 양재천로 95-2 태영빌딩
TEL 02-575-9840
OPEN 매일 10:00~23:00

7

나만의 아지트를 찾고 싶은 날

평화가 깃든 밥상

\+

책바

연희동에는 오래되고 조용한 주택가가 많다. 한때 이연복 셰프의 중식당인 '목란'과 몇몇 이탈리아 레스토랑이 화제가 되며 주말이면 사람들이 몰려들던 시기가 있었지만 돌아올 수 없는 강을 건넌 듯한 옆 동네들에 비하면 비교적 한산한 분위기를 잘 유지하고 있다. 한갓진 주택가 분위기와 군데군데 박혀 있는 괜찮은 가게를 발견하는 재미가 공존해 아지트 삼기 좋은 동네, 연희동에서 숨겨진 보석 같은 두 가게를 찾아갔다.

서울 연희동

먹을수록 편해지는 몸과 마음
평화가 깃든 밥상

주소 서울시 서대문구 연희맛로 17-16
전화번호 02-325-9956
홈페이지 gonggansiot.blog.me
영업시간 간이식당 금 12:00~15:00
(요리수업 블로그에서 수강신청 가능)

연희동 '사러가 쇼핑센터' 근처 작은 골목길에 위치한 '평화가 깃든 밥상'은
순수하게 자연식 레시피로 완성된 건강한 식사를 맛볼 수 있는 곳이다. 자연식에
관심이 있는 사람이라면 한 번쯤 들어봤을 요리책『평화가 깃든 밥상』의 저자인
자연요리 연구가 문성희 선생님이 딸과 함께 운영한다.
문성희 선생님은 국내에서 손꼽히는 자연식 대가로, 20년간 요리학원을
운영하다가 생명이 살아 있는 음식을 찾기 위해 산속 생활을 시작했다. 텃밭에서
직접 여러 가지 채소를 기르며 자연요리를 개발하던 중 이를 많은 사람들에게
알리자는 딸의 제안으로 이 공간을 오픈하게 됐다.
그런 선생님의 음식을 맛볼 수 있는 곳은 평화가 깃든 밥상 내에 마련한 '부엌공간
시옷'이다. 대부분의 요일에는 요리수업이 열리기 때문에 자유롭게 식사를 할 수
있는 날은 오로지 금요일 점심뿐! 메뉴 구성은 단순하다. 봄과 여름에는 현미밥,
가을과 겨울에는 칠곡밥을 지어 제철 식재료와 재래식 양념을 이용한 반찬

몇 가지와 국을 내는 것. 하루에 열 그릇에서 서른 그릇 정도만 준비한다.
한정적인 시간이지만 벼르고 별렀다가 찾아가지 않을 수 없었다.
건물 2층으로 올라가 문을 열자 가장 먼저 밥 짓는 냄새가 우리를 반긴다.
세상에서 가장 쉽게 사람을 무장 해제시키는 냄새인지도 모르겠다. 화이트톤
내부에 한쪽 벽면 통창으로 은은한 햇살이 들어왔고, 한편에 놓인 커다란 야자수가
눈에 띄었다. 식사를 할 수 있는 테이블 반대쪽으로는 넓은 부엌이 있었는데 한창
식사 준비로 분주한 문성희 선생님의 뒷모습이 살짝 보였다. 신선해 보이는 채소가
쌓여 있고, 그 앞에서 이리저리 음식을 하느라 바쁜 엄마와 딸의 모습을 보는
것만으로도 건강해지는 기분이 든다.
'고기반찬은 필수지!' 하는 사람이라면 이곳을 찾아서는 안 된다. 고기나 생선은
전혀 쓰지 않고, 산, 들, 텃밭에서 거둔 채소를 주재료로 하기 때문이다. 자연
그대로의 재료가 지닌 맛을 살리면 특별한 조미료나 조리법도 필요하지 않다는
것이 평화가 깃든 밥상의 신조다. 거기에 직접 만든 발효액과 기본양념, 호두와 잣
등으로 맛을 더할 뿐이다.

햇볕 잘 드는 창가 자리에 앉아 있으니 금세 주문한 식사가 나왔다. 오늘의 메뉴는 열무밥, 케일 감자 채소국, 애호박 버섯볶음, 깻잎조림. 열무밥은 현미로 지어 씹을수록 구수함이 느껴졌고, 직접 만든 된장으로 살짝 간이 되어 있어 반찬 없이 먹어도 향긋하고 맛있었다. 여기에 곁들인 애호박 버섯볶음은 아삭한 식감이 잘 살아 있었고, 깻잎조림은 들기름을 넣어 더욱 고소했다.

오래도록 기억에 남는 것은 채소국인데, 사실 처음 한 입 먹었을 때는 좀 밍밍하다고 생각했다. 하지만 짭조름한 반찬들과 함께 먹으니 간의 조화가 완벽했고 특유의 낯선 풀잎 향을 풍기는 케일이 매력적이었다. 잘 익혀 혀끝으로도 으깨지는 채썬 감자, 버섯이 더해지니 고기 국물이 아니어도 충분히 풍성한 맛이었다. 재료들이 갖고 있는 본래의 맛을 살리며 기본에 충실한 요리들은 처음 맛볼 때보다 밥이 줄어들수록 더 맛있다. 평범하고 소박해 보이지만 분명 내공이 느껴진다.

건강한 밥상은 맛을 포기해야 한다는 인식이 있다. 소화가 잘 되다 보니 허전하다고 느껴지기도 한다. 하지만 그 맛에 길들여지면 어떤 밥상보다도 몸과 마음이 편해진다는 것을 알 수 있다. 자연식을 시작하고 싶거나 가끔 맛보고 싶은 사람 모두를 평화가 깃든 밥상에 초대하고 싶다.

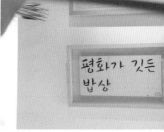

소설 한 권과 칵테일 한 잔의 조화
책바

주소 서울시 서대문구 연희맛로 24 1층 101호
전화번호 02-6449-5858
영업시간 월~목 19:00~01:30,
금/토 19:00~03:00 (일요일 휴무)

"연희동에 있는 바 & 심야서점입니다. 책과 술을 함께 즐길 수 있는 공간이며,
혼술 손님 환영입니다."
이보다 더 간결하고 명확한 소개말이 있을까 싶다. 단어 그대로 '책+바'라는 뜻을
가진 '책바'에 대한 첫인상은 그렇게 담백했다. 술을 파는 독립서점들이 늘어나고
있지만 이곳의 정체성은 바(bar)에 더 가깝다. 커피를 보며 책을 읽는 북카페는
수두룩한데 어째서 술을 마시며 책을 읽는 바는 없을까, 하는 욕구에서 시작된
공간이라고 한다. 분명 소설이나 시를 읽을 때는 약간의 취기가 몰입도를 높여
준다고 믿는다고.
'술과 책이 어울릴까?' 처음에는 의문이 들었다. 책은 좀 경건하게 각 잡고 읽어야
하는 것 아닌가, 취해버리면 책 내용이 머릿속에 안 들어오지 않을까. 그러나
책바에 들어서는 순간 그런 의구심은 빠르게 사라진다. 입구부터 여러 종류의
책들이 어두운 바 공간에 자연스레 어우러져 있기 때문이다.

'이런 곳을 운영하는 대표는 어떤 책들을 갖춰놨을까?' 두 번째 의문이었다. 책장을
언뜻 보았을 때는 소설책이 많구나 싶었는데 에세이나 시집까지 문학 작품이
골고루 있었다. 책장 구석에 버튼 하나가 보인다. 버튼을 누르자 책장이 스르륵
열리면서 비밀공간 같은 테이블이 나타났다.

나는 이방인처럼 두리번두리번 새로운 공간을 탐색하고 있었지만 나를 제외한
손님들은 자연스럽게 책을 한 권 뽑아들고 술을 한잔 주문한 뒤 조용히 독서를
시작했다. 소개말처럼 혼자 온 사람이 많았고, 퇴근길에 슬쩍 들러서 한잔하고
가는 아지트 느낌이 물씬 났다. "술은 취하지 않을 정도로 적당히, 대화는
조용히"라는 문구가 붙어 있어서 그런지 두세 명이 함께 와도 대화는 소곤소곤
이뤄졌고, 책과 함께 술 한잔하며 차분하게 하루를 마감하는 모습들이었다.

이곳의 매력 포인트 중 하나는 메뉴 구성이다. 도수가 높아 시 한 편 읽으면서
마시기에 좋은 술들은 '시', 도수가 적당해 에세이 한 권 읽으며 마시기 좋은 술들은

'에세이', 도수가 낮아 느긋하게 소설 한 권 읽으며 마시기에 좋은 술들은 '소설', 쌀쌀한 계절에 마시기 좋은 술은 '계간지'로 분류한다. 가장 앞에 소개된 '책 속의 그 술'은 말 그대로 작품 속에 등장하는 술들이다.

다자이 오사무의 『인간 실격』을 읽으며 압생트를 마시고, 레이먼드 챈들러의 『기나긴 이별』을 읽으며 김렛 한 잔, 무라카미 하루키의 『노르웨이의 숲』을 읽으며 보드카 토닉을 마실 수 있는 곳이라니. 책장에는 술이 등장하는 책, 술이 당기는 책으로 분류되어 있고 손글씨로 추천 코멘트를 적어둔 추천 도서 코너까지. 한 시간도 지나지 않아 나는 이곳의 매력에 푹 빠져 버렸다.

또 한 가지 흥미로웠던 것은 빌보드차트라고 이름 붙여진 책바의 백일장이었다. 낭만, 포기, 내 인생의 영화 등 책바가 정한 주제에 맞는 글을 손님들이 포스트잇에 적어 제출하면 투표를 통해 반응이 좋은 몇몇 글을 선정한다. 1등, 2등, 3등 안에 들면 술 한잔을 무료로 마실 수 있다. 술을 마시면 숨겨진 창의성과 감수성이 발현된다는 생각에서 열게 됐다고 한다. 짧은 문장들이지만 공감되는 글들이 꽤 있었다. 감탄이 나온 문장들은 오래 기억하고 싶어 몇 번이나 되새겼다. 도수가 세지 않은 술들 중에서 모스코뮬이라는 칵테일을 추천받았다. 에세이에 포함된 술이었다. 보드카 베이스에 진저에일, 라임이 들어가 상큼했던 모스코뮬은 정말 가벼운 에세이 한 권 읽으며 천천히 마시기에 참 좋았다. 시간이 지나면서 점차 몸이 릴랙스되고, 은은한 조명 속에서 오직 책에만 집중할 수 있었다. 문턱이 닳도록 드나들고 싶은 곳을 발견한 뿌듯함이 차오르는 밤이었다.

❯ 밀이's 추천 메뉴 ❮	
모스코뮬	10,000원
아페롤 스피리츠	11,000원

여기도
좋아요

♦ 매뉴팩트커피
Cafe
ADD 서울시 서대문구 연희로11길 29
TEL 02-6406-8777
OPEN 매일 09:00~18:00

8

유쾌한 이벤트가 필요해!

리본레더스튜디오

+

경의선숲길

서울 연남동

집중력이 흐트러지기 일쑤인 날들이다. 슬슬 "휴가 어디로 갈 거냐"는
질문을 받으며 마음이 붕 뜨기도 한다. 하지만 그런 마음과는 다르게 낮에는
제법 날이 더워 조금만 걸어도 어디 들어가 쉬고 싶다. 그렇다고 방 안에
가만히 있기엔 심심하고 재밌는 일이 일어났으면 좋겠는데, 마땅치가 않다.
이럴 때 특효약이 있다. '처음 경험하는 일'을 하는 것. 뭔가를 배우며 쉽게
집중할 수 있는 일이면 더 좋고, 결과물이 남아 보람 있으면 더더욱 좋을 거다.

가죽으로 물건을 만드는 설렘

리본레더스튜디오

처음 경험하는 일이 뭐 있을까, 고민하다가 원데이 클래스를 생각해냈다. 한 번 체험하는 일이기에 부담이 없고 평소 해보고 싶던 일을 배울 수 있어 종종 베이킹이나 커피 클래스를 들어보기도 했다. 오늘의 선택은 가죽공예. 마음속에 직접 가죽을 만져 지갑이나 가방을 만들면 좋겠다는 로망이 있었지만 왠지 어려울 것 같아서 도전할 엄두를 못 내던 일이었다.

초보를 위한 강의가 있는 곳을 검색하다가 리본레더스튜디오를 발견했다. 상호를 언뜻 보면 나비 모양 리본인가 싶지만 'Reborn', 즉 다시 태어난다는 의미를 담고 있다. 자신의 아이디어나 디자인을 가죽제품으로 탄생시키는 가죽공방과 참 잘 어울린다.

꿈도 야무지게 여권지갑이나 크로스백 같은 것을 만들고 싶었으나 초심자도 아주 쉽게 할 수 있다는 '커플 팔찌 만들기' 클래스를 신청했다. 스튜디오 창가에는 선생님이 직접 만든 네임택, 팔찌, 키링, 지갑, 가방 등 완제품들이 디스플레이 되어 있어 기대감이 커졌다.

중앙에는 공간을 거의 다 차지하는 커다란 작업 테이블이 놓여 있고, 한쪽에는 다양한 종류의 가죽 자재들, 재단 도구들, 재봉틀, 컬러풀한 실뭉치들이 보였다. 공간에 대한 설명을 먼저 들으며 클래스를 시작했다.

첫 단계는 가죽 고르기. 여러 컬러의 가죽을 손목에 대보며 내 피부톤에 어울리는 베이지색 가죽을 골랐다. 그런 뒤에는 선생님이 적당히 잘라준 두 개의 가죽 뒷면에 본드를 바르고 서로 맞대어 꼼꼼하게 붙인다. 본드가 완전히 건조되면 자를 대고 가죽을 원하는 너비로 반듯하게 재단한다.

벌써 대충 팔찌의 기다란 모양이 나왔다. 시작하기 전에는 '가죽을 길게 잘라서 동그랗게 말면 되려나?' 했는데 두 장의 가죽을 맞붙여 도톰하게 만들어주니 훨씬 퀄리티가 높아 보였다.

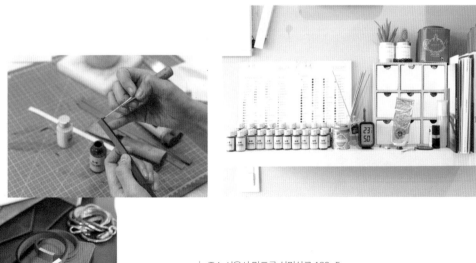

주소 서울시 마포구 성미산로 189-5
전화번호 010-3283-7372
홈페이지 blog.naver.com/studioreborn
원데이 클래스 가격 팔찌 만들기 1명 50,000원 (2시간 30분 소요)

다음 단계는 깔끔한 마무리와 원하는 문구 각인하기. 마무리 작업도 매우 쉽다. 가죽이 잘린 단면에 엣지코트를 조심스레 발라주고 말리면 된다. 엣지코트란 가죽제품 모서리에 고무처럼 마감처리된 바로 그 도료다. 수업에서는 시간 관계상 한 번만 덧발랐지만, 얇게 칠하고 충분히 건조시키는 과정을 5회 정도 반복해주는 것이 좋다고 한다.

엣지코트가 마르는 동안 팔찌에 새길 문구를 정하기로 했다. 이때 생각한 문구를 금박 각인기로 찍어내면 되는데, 자투리 가죽에 미리 연습해볼 수 있었다. 각인기 사용법 설명을 듣고 연습한 뒤 팔찌에 직접 이니셜을 새겼다. 마지막으로는 가죽과 어울리는 컬러의 금속 잠금장치를 부착한다. 이렇게 완성된 팔찌는 두세 시간 더 완벽하게 건조시킨 뒤에 착용하면 된다.

어느새 수업을 시작한 지 두 시간 반이 흘러 있었다. 장식 없는 가죽 팔찌도 꽤 정성을 들인 수작업 끝에 만들어진다는 것을 깨달았고, 무엇보다 엄청난 뿌듯함이 몰려왔다. 만드는 동안에는 잡생각이 하나도 없었고, 완성 후에는 직접 만든 나의 팔찌를 손목에 차고 이리저리 흔드느라 신이 났다. 더 비싼 값에 구입한 액세서리들을 제치고 가장 소중한 팔찌로 등극한 것은 물론이다. 다음엔 난이도를 올려 카드지갑에 도전해볼까 한다.

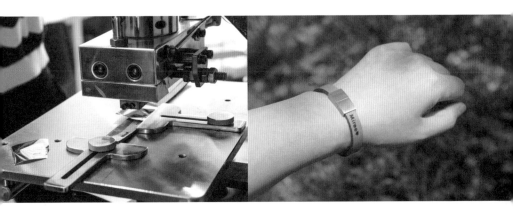

뉴욕여행을 꿈꾸게 하는 산책로
경의선숲길

연남동 구간 시작 홍대입구역 3번 출구 근처
홈페이지 www.gyeonguiline.org

도심 속에 '녹색 공간'이 생길 때마다 안도의 한숨을 내쉬게 된다. 답답한 공기를 조금이나마 해결해줄 것 같은 기분에서다. 꽤 오랫동안 공사가 진행되는 이곳을 보면서도 얼른 완성되어 우리 일상에 녹색을 더해주길 간절히 기다렸다.

'경의선숲길'은 경의선이 지하로 내려가면서 쓰지 않게 된 지상의 철길을 녹지로 조성한 공원이다. 가좌에서 시작되어 홍대, 공덕을 지나 용산까지 이어지는 6.3km의 길이를 자랑한다. 설립 배경은 뉴욕 하이라인파크를 떠올리게 하지만, 홍대입구역에서 시작되는 연남동 구역이 뉴욕 센트럴파크와 닮았다는 이유로 '연트럴파크'라 불린다.

가장 사랑받고 있는 구간 또한 이 연트럴파크 구간인데, 늘 사람이 북적이는 홍대와 연남동 일대에서 숨구멍 역할을 톡톡히 해주고 있다. 주로 실내에만 있던 사람들이 모처럼 광합성을 하듯 잔디밭 여기저기에서 휴식을 취하고 있는 모습이 얼마나 자유로워 보이던지. 말끔하게 조성된 산책로와 키 큰 가로수들, 찰방찰방

물장난 칠 수 있는 개울까지 어우러져 자꾸만 걷고 싶었다.

이 공원의 또 한 가지 매력은 주위를 둘러보면 동네 정체성이 금방 드러나는 가게들이 늘어서 있다는 점이다. 분위기 좋은 카페와 유명 맛집이 몰려 있는 연남동답게 경의선숲길 주변에는 레스토랑, 카페, 다양한 가게들이 몰려 있다. 산책을 하다가 언제든 맛있는 음식과 커피를 즐길 수 있고 젊은 감각의 디자인숍에서 쇼핑도 할 수 있다. 물론 길이 워낙 길기 때문에 계속 따라가다 보면 가게들은 사라지고 주택가가 나오기도 하고 완전히 다른 동네 모습이 보이기도 한다.

이곳에서는 앞으로 문화체험 행사나 놀이 프로그램 등 시민들을 위한 다양한 행사가 진행될 예정이다. 경의선숲길이 이 근처를 찾는 사람들의 쉼터로 자리 매김한 것처럼 도시 여기저기에 느리게 느리게 걸을 수 있는 공간들이 계속해서 늘어나길 바란다.

여기도
좋아요

Cafe ◆ 플라워카페 벌스(VERS)
ADD 서울시 마포구 동교로41길 10
TEL 02-3144-1888
OPEN 매일 12:00~24:00

Cafe ◆ 연남동228-9
ADD 서울시 마포구 동교로 266-5
TEL 070-4244-2289
OPEN 매일 13:00~22:00

PART
02

여름

9

쨍한 햇살이 쏟아지는 여름날

영은 미술관

+

퍼들하우스

◇
경기도 광주

집안에 가만히 앉아 있기는 싫고, 돌아다니기엔 너무 더운 여름, 여유롭게 보낼 수 있는
하루가 주어진다면? 멀지 않은 교외로 드라이브를 하다가 청량한 바람이 불어오는
공간을 만났으면 좋겠다. 그리고 그곳에서는 루틴한 일상에 영감을 주는 새로운 것들을
접하고 싶다. 그렇게 머릿속을 리프레시한 뒤에는 널찍한 카페 창가 자리에 앉아
광합성을 하며 맛있는 음식에 커피 한잔까지 곁들여야지. 이 완벽한 하루를 경기도
광주, 영은 미술관과 카페 퍼들하우스에서 만났다.

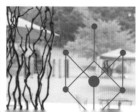

탁 트인 초원 위의 미술관을 가다

영은 미술관

주소 경기도 광주시 청석로 300
전화번호 031-761-0137
관람시간 10~3월 10:00~18:00,
4~9월 10:00~18:30
(관람 종료 1시간 전 입장 마감, 월요일 휴관)
관람요금 일반 6,000원, 학생 4,000원
(광주 시민과 만 65세 이상은 50% 할인)

결혼과 동시에 경기도 광주에 살게 됐다. 좋은 점도 많지만 여기저기 돌아다니며
문화생활을 즐기는 서울아가씨였던 나는 집 근처에 갈 곳이 없다며 늘 아쉬워했다.
그런데 영은 미술관을 발견한 순간, 지금까지의 욕구 불만은 싹 사라졌다.
푸릇푸릇한 언덕 위에 세워진 하얀 미술관의 모습은 꿈속에서나 그리던
풍경이었다.
입구에 주차를 하고 티켓을 구입한 뒤 미술관에 올라가는 길부터 잔디밭이
펼쳐진다. 언덕길을 지나 미술관에 도착하면 마찬가지로 앞마당 쪽에 널따란 잔디
정원이 있어 '초원 위 미술관'을 실감하게 된다. 정원에는 군데군데 조각 작품들이
전시되어 있어 구경하는 재미가 있다. 자연과 조화롭게 어우러진 작품을 구경하고
나면 대나무숲 쪽에 마련된 벤치에서 쉬어갈 수도 있다. 본격적인 미술관 내부
전시 관람을 시작하지도 않았는데 오롯이 풍경을 즐기며 만족스러움을 느꼈다.

영은 미술관은 한국문화예술 창작활동을 지원하려는 취지로 세워졌다. 그렇기에
미술관에서의 전시가 이곳의 한 축이라면 다른 한 축은 동시대에 활동하고
있는 작가들의 작업을 돕는 창작스튜디오가 차지하고 있다. 마침 미술관에서는
창작스튜디오에서 활동 중인 한 작가의 작품들을 전시하고 있었다.
영은 미술관의 전시장은 천장이 높고 탁 트여 있어 자연빛과 인공빛의 조화 속에
작품을 감상할 수 있다. 현대미술에 대한 전문지식이 있는 것은 아니지만 젊은
작가의 실험적인 작품들을 보며 마음에 드는 부분, 흥미로운 부분들에 대해 대화를
나눴다.
벌레에 물렸을 때 바르는 약 등을 누구나 이용할 수 있게 마련해둔 구급함이 눈에
띄었다. 실제로 이곳에서는 어른이 아이와 함께 참여할 만한 프로그램을 다채롭게
운영하고 있다. 도자기를 굽거나 유리공예, 가죽공예, 천연염색 체험처럼
문화예술과 자연스럽게 친숙해질 수 있는 프로그램들이다.

미술관 뒤쪽 산책길로 가면 작가들이
작업하는 공방과 도자기를 굽는 야외 가마가
있다. 미술관 1층에 있는 카페에서는 관람
티켓을 보여주면 천 원 할인해준다. 데이트
코스로도 좋겠지만, 무엇보다 문화생활을
하면서 아이가 맘껏 뛰어놀 수 있는 곳을
찾는 부모님들에게 강력 추천한다. 영은
미술관을 찾아가는 길부터 시골스러운
풍경이 펼쳐져 제법 멀리 여행을 떠나는
기분을 느낄 수 있을 것이다.

"모든 예술의 궁극적인 목적은,
인생이 살 만한 가치가 있다는 것을 일깨워주는 것이다."

헤르만 헤세

퍼들하우스

언제부턴가 광주에 분위기 좋은 카페들이 생기기 시작했다. 빽빽한 빌딩숲이
아니라 자연이 살아 있는 근교인 덕분에 널찍한 공간에 자리 잡아 더 좋았다. 이곳
카페들의 특징은 아무것도 없을 것 같은 시골길을 달리다가 "여기가 아닌가?" 싶을
때쯤 짜잔 하고 나타난다는 점이다.

'퍼들하우스' 역시 조금 외진 곳에 위치해 있다. 백마산 초입이라 주변에 나무가
많고 개울이 흐른다. 입구가 있는 2층은 웰컴 라운지로 이용되는데 선인장과
북유럽풍 가구 등을 센스 있게 배치했다. 1층은 카페와 함께 리빙제품을 판매하는
편집코너가 있고, 맨 아래층인 0층은 카페로 운영되고 있다. 유명 건축가인 배대용

작가가 설계부터 인테리어까지 맡았고, 노출콘크리트로 마감된 외관의 분위기가
내부까지 이어져 세련된 느낌을 준다. 거기에 0층의 천장과 야외 데크는 원목을
사용해서 따뜻하고 자연친화적인 감성을 더했다.

먼저 1층에서 판매하는 리빙제품들을 구경했다. 알록달록한 선인장과 함께
퍼들하우스에서만 만날 수 있는 브랜드의 제품 위주로 구성되어 있다. 패션,
인테리어 소품, 가드닝 제품 등 스태프들의 감각이 돋보인다.

0층의 카페 공간은 겉보기보다 더 넓게 느껴졌다. 양쪽 벽이 모두 통창으로 되어
있는 덕분이다. 햇살이 쏟아져 들어오는 실내에 우드톤 천장, 조도가 적당한 조명,
심플한 가구가 어우러져 갤러리 전시장 안에서 커피를 마시는 것 같았다. 특히
가운데 놓인 커다란 원목 테이블과 돌 오브제가 인상적이다. 창문 밖에 보이는
야외 데크 공간 옆에는 바로 개울물이 흐르고 잔디밭이 펼쳐져 있다. 언젠가 비가
많이 내리는 날 테라스 자리에 앉아 빗소리를 들을 수 있다면 참 좋겠다.

퍼들하우스에는 커피나 디저트 외에도 식사메뉴가 다양하다. 이탈리안 가정식

주소 경기도 광주시 초월읍 경충대로 1337-74
전화번호 031-766-0757
영업시간 화~일 11:00~21:00(월요일 휴무)

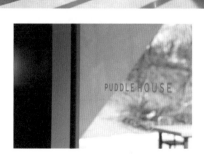

스타일로 신선한 재료를 사용하여 건강한 음식을 지향한다. 그린, 옐로, 레드
컬러의 조합으로 비주얼부터 식욕을 자극하는 '퍼들하우스 샐러드'는 신선한
채소에 직접 만든 리코타치즈, 말린 과일칩을 올렸고, 레드벨벳 파우더를 뿌려
약간의 달콤함도 더해주었다. 함께 시킨 '어니언 애플피자'는 캐러멜라이징한
양파와 사과가 달달하면서도 오묘하게 잘 어우러졌고 에멘탈치즈와 고르곤졸라
크림을 더해 이국적인 맛이 난다. 피자 도우까지도 신경을 써 좋은 품질로
인정받는 이탈리아산 안티모 카푸토 밀가루 반죽을 화덕에 구워냈다. 두꺼운
팬에 플레이팅해 온기가 남아 있는 '이탈리안 함박스테이크'는 양파와 버섯을 듬뿍
넣은 소스에 모짜렐라치즈를 올려 풍미를 더했다. 이외에도 식사메뉴가 다양해서
식사+디저트를 함께 해결할 수 있다.

▷ 밀이's 추천 메뉴 ◁	
어니언 애플피자	18,000원
퍼들하우스 샐러드	12,000원
이탈리안 함박스테이크	19,000원

여기도
좋아요

♦ 아트살롱
Cafe
ADD 경기도 광주시 오포읍 상태길 199
TEL 070-4111-5524
OPEN 월~목 11:00~20:00, 금~일 11:00~22:00

♦ 카페인신현리
Cafe
ADD 경기도 광주시 오포읍 새말길167번길 68
TEL 070-5073-2424
OPEN 월~금 11:00~21:00, 토/일 11:00~22:00

10

이국적인 야경이 보고 싶은 날

G타워 전망대

+

센트럴파크 수상택시

인천 송도

여행 준비를 하다 보면 어떤 국가의 어떤 도시라도 필수 코스로 등장하는
것이 있다. 바로 '아름다운 야경을 감상할 수 있는 장소'다. 그전까지는
밤에 무얼 봐야겠다는 생각을 해본 적이 없었지만 여행을 몇 번 다니며
생각이 완전히 바뀌었다. 여행지가 가지고 있는 매력을 환상적으로 보여주는
야경에 감탄하면서 그 도시의 진면목은 밤에 볼 수도 있다는 것을 알게 된
거다. 그러고 보니 우리 주위에도 멋진 야경을 감상할 수 있는 곳들이
많았다. 그중에서도 가장 해외로 떠나온 듯한 느낌을 줄 곳을 찾아 나섰다.

공항 가는 길의 설렘을 담아
G타워 전망대

손꼽아 기다리던 여행을 떠나는 길, 가장 두근거리는 순간 중 하나는 바로 공항
가는 길일 거라고 확신한다. 언제부터인가 나는 '인천'이라는 지명만 들어도 심장이
콩닥콩닥 뛰는 여행병에 걸리고 말았다.
송도국제도시를 향해 가는 길에도 마찬가지였다. 기사나 TV에서 보았던 송도의
모습이 마치 커다랗고 깔끔한 인천공항의 모습을 그대로 도시화해 놓은 것
같아서 실제로는 어떨지 궁금하던 차였다. 내비게이션 화면에 바다가 등장하자
당장이라도 비행기를 타고 떠날 기세로 송도를 향해 달려갔다.
지은 지 얼마 되지 않은 고층 빌딩들이 가득한 풍경을 조금 지나다 보면

센트럴파크를 쉽게 찾을 수 있다. 2km 남짓 되는 길이를 자랑하는 제법 큰 규모의 공원이다. 가운데 흐르는 물은 바닷물을 끌어들여 정화한 1급수 해수라서 숭어, 꽃게, 우럭, 갯지렁이 등 바다생물이 살고 있다고 한다.

센트럴파크 근처를 잠깐 걸으며 사람들 모습을 구경했다. 해수로 옆길을 따라 산책하는 사람들, 그리고 전기보트와 카약을 타며 깔깔대는 사람들. 흔히 봐왔던 오리보트가 아니라 어느 유럽 마을 호수에서나 탈 것 같은 카약이 둥둥 떠다니는 모습을 보니 새로웠다.

해가 지기 전 송도의 모습을 먼저 감상하기로 하고 G타워로 향했다. UN 국제기구 본사 중 녹색기후기금과 인천경제자유구역청이 입주해 있는 지상 33층 높이의 건축물이다. 최상층인 33층에 올라가면 홍보관 겸 전망대가 있다. 29층에 위치한 하늘정원은 180도로 탁 트인 전망을 볼 수 있는 테라스인데 평일에만 오픈한다. 토요일에 방문한 관계로 33층 전망대에 올라가기로 했다. 1층에서 신분증을 보여주고 간단한 방명록을 작성하면 무료로 입장할 수 있다.

33층은 전면이 통유리로 되어 있어 360도 모든 방향을 조망할 수 있다. 가장 먼저 눈에 들어온 것은 넓은 바다와 흐릿하게 보이는 인천대교의 모습. 거기서부터 천천히 이동하며 영종도, 송도센트럴호텔, 센트럴공원, 동북아무역타워 등을 차례로 살펴본다. 유리창 밑에 랜드마크들을 안내해두어서 내가 보고 있는 것이 어떤 건축물인지 쉽게 알 수 있다. 센트럴파크를 오래 내려다보면서 어떤 경로로 걸어다닐 것인지 계획을 세우기도 했다.

주소 인천시 연수구 아트센터대로 175
이용시간 매일 09:00~19:00

센트럴파크로 다시 내려가 좀 더 걷기로 했다. 만약 이때 카약이나 보트를 타고 싶다면 탑승장인 이스트보트하우스와 G타워는 센트럴파크 기준으로 반대쪽에 있어 제법 거리가 멀기 때문에 동선을 잘 생각하고 움직여야 한다.

공원을 따라 걷다 보면 잔디밭 위에 텐트나 돗자리를 펴놓고 소풍을 즐기는 사람들이 있고, 중간쯤에는 카페와 밥집이 있는 한옥마을이 자리하고 있어서 잠깐 쉬어갈 수 있다. '공원이 다 비슷하지'라는 생각을 깨줄 만큼 완벽한 계획 아래 조성된 공원이라는 생각이 들었다.

여기도
좋아요

Food

♦ 소래포구
ADD 인천시 남동구 논현동 111-200
TEL 070-7011-2140
OPEN 평일 08:00~21:00, 주말 07:00~22:00

Cafe

♦ 스이또스이또
ADD 인천시 연수구 해돋이로 107 포스코더샵퍼스트월드 E동 5호
TEL 032-832-1381
OPEN 매일 12:00~19:00

반짝반짝 빛나는 풍경 속을 달리다
센트럴파크 수상택시

웨스트보트하우스
주소 인천시 연수구 송도동 84번지
전화번호 070-4237-4609
이용시간 평일 10:00~19:00,
주말 10:00~21:00
이용요금 대인 4,000원, 소인 2,000원

슬슬 노을이 지고 센트럴파크에 밤이 찾아왔다. 주변 고층빌딩들의 불빛이
해수로에 비치는 모습이 마치 홍콩이나 뉴욕의 그것 같다. 사방에 반짝이는 노란
빛이 아늑하면서도 조금은 낯설고, 한편으로는 꿈처럼 몽환적이다.
낮보다 빛나는 밤을 어떻게 보낼지 고민하기 시작했다. 이스트보트하우스에
있는 선셋카페에 앉아 있을까 하다가 마음이 바뀌어 수상택시를 타기로 했다.
수상택시도 카약 타는 곳에서 탈 수 있지 않을까 했는데, 알고 보니 그곳과는
정반대에 있는 웨스트보트하우스에서 타야 했다. 이미 조금 지친 상태에서
터덜터덜 30분 정도를 더 걸었다.
평일에는 매시 정각, 주말에는 매시 정각과 30분에 출발하므로 미리 티켓을
구입하고 조금 기다렸다. 20분간 해수로를 따라 유람한 뒤 다시 이곳
웨스트보트하우스로 돌아온다고 한다. 마침내 배가 출발하고 곧장 뱃머리 쪽으로
나가보았다. 반짝거리는 고층 빌딩 사이를 헤치고 해수로를 가로지르는 느낌이
환상적이다. 화룡점정은 하늘에 빛나는 달과 그 옆을 지나가는 비행기 불빛. 그
어떤 여행지가 부럽지 않은 밤이었다.

11

더위를 피하는 가장 좋은 방법

양주시립
장욱진미술관

+

한옥카페 단궁

경기도 양주

본격적인 휴가철이 되면 도시가 텅텅 비기 시작한다. 매일 타던 출퇴근길
버스가 조금은 한가해지고, 거리에는 아직 떠나지 못한 사람들과 무더위만이
남겨진다. 하지만 제때 휴가를 가지 못했다고 해서 이 계절을 축 처진 채 보낼 수는 없지
않은가? 이런 때일수록 가까운 곳에서 리프레시할 방법을 찾아야만 한다. 번잡스러운
바다보다는 고즈넉하고 평화로운 풍경을 원하는 사람들을 위해 아주 산뜻하게 더위를
잊을 수 있는 장소를 소개한다.

팔방미인 같은 숲속의 미술관
양주시립 장욱진미술관

'휴가지'로 유명한 도시는 아니지만 양주에는 의외로 볼거리, 즐길거리가 알차게
모여 있다. 낭만적인 별 구경이 가능한 송암스페이스센터, 옛 왕실 사찰의
분위기를 느낄 수 있는 회암사지박물관, 자연이 살아 있는 장흥자생수목원과
장흥계곡, 송추계곡까지 문화, 역사, 자연을 아우르는 체험이 가능하다.
그중 한국 근현대미술을 대표하는 서양화가 장욱진을 기리는 '양주시립
장욱진미술관'에 가보기로 했다. 나로서는 생소한 이름이었던 이 화백이 박수근,
이중섭, 김환기 같은 저명한 화백들과 어깨를 나란히 하는 인물이라는 이야기를
들었기 때문이다. 평생 자연 속에서 심플한 삶을 살면서 동화적이고 이상적인
내면세계를 표현했다는 그의 작품들을 직접 만나보고 싶었다. 또, 초록 잔디 위에
하얀 종이를 접어놓은 듯한 미술관 건물 자체가 궁금하기도 했다.
입장권을 끊고 들어가면 커다란 규모의 녹지가 펼쳐진다. 맞은편에는 함께
운영되고 있는 '장흥조각공원'도 보인다. 아담하게 자리 잡은 미술관이 저쪽에
보이지만 해가 더 뜨거워지기 전에 먼저 주위를 거닐어 보기로 한다. 느린

걸음으로 잔디밭 사이를 걷다 보면 울창한 숲 사이로 곳곳에 설치된 조각작품들을
만나게 된다. 미술을 잘 알지 못해도 자연스레 예술작품을 접할 수 있는 곳이다.
또 하나의 매력 포인트는 공원 안에 흐르는 장흥계곡 물줄기다. 아이들은 벌써
신이 나서 물장난을 치고 있다. 근처에 있는 '미술관 옆 캠핑장'이라는 이름의
오토캠핑장에는 더위를 피해 자연 속에서 쉬러온 사람들이 보인다. 이 또한
양주시에서 개장한 곳으로, 시민들의 쉼터 역할을 톡톡히 하고 있다.
한결 친근해진 마음으로 미술관 쪽을 향했다. 종이접기를 해놓은 것 같기도, 하얀
블록을 몇 개 늘어놓은 것 같기도 한 모양새다. 장욱진 화백이 호랑이를 그린
작품「호작도」와 집의 개념을 모티브로 한 건축물로 2014년에 김수근 건축상을
수상했다. 특이하게도 중정이 있고, 전시실은 각각의 방을 오가는 것처럼
느껴진다. 독특한 구조이므로 미리 안내도를 보고 동선을 체크하는 것이 좋다.
입구에 들어서면 커다란 통창으로 나무들이 보이고, 2층으로 올라가는 길에는
계곡이 내려다보인다. 벽, 계단, 천장 모든 것이 화이트톤으로 되어 있어 오로지
작품과 창밖 풍경에만 집중할 수 있다. 서늘하면서도 따뜻한 정서가 감도는
이곳에서는 전시 작품뿐 아니라 매력적인 공간과 그 안에 있는 나 자신에게도
주의를 기울여볼 것을 권한다.

주소 경기도 양주시 장흥면 권율로 211
전화번호 031-8082-4245
홈페이지 changucchin.yangju.go.kr
관람시간 화~일 10:00~18:00
(관람 종료 1시간 전 입장 마감, 월요일 휴관)
관람요금 어른 5,000원, 청소년 · 군인 · 어린이 1,000원

내가 방문한 날 열리고 있는 전시 주제는 'Simple'이었다. 장욱진과 몇몇 화가의
작품이 함께 전시되어 있었는데, 작품 하나하나가 정적인 감성을 지니고 있었고
소박하고 솔직하다는 느낌을 받았다. 주요 콘셉트로 제시되어 있던 "표현은
단순하게, 내용은 풍부하게"라는 문구와 무척 잘 어울리는 전시였다. 작품을
충분히 감상한 뒤 1층 카페에서 곱씹는 시간을 갖자 조금 더 특별한 예술을 만난
기분이 든다.

장욱진미술관을 제대로 즐기고 싶다면 미술관에서 운영하는 프로그램에
참여해보자. 예술가를 지원하는 미술창작스튜디오, 청소년 도슨트 교육,
예술가와의 만남, 아이가 미술관 지도를 직접 그려보는 뮤지엄 키즈맵 등
지역사회나 시민들과 소통하기 위해 마련된 체험 프로그램이 다양하다.

진정한 힐링을 불러일으키는 곳
한옥카페 단궁

주소 경기도 양주시 백석읍 권율로 875
전화번호 031-871-3700
영업시간 화~일 12:00~20:00 (월요일 휴무)

TV를 멍하니 보다가 가끔 눈이 커다래지는 순간이 있다. "저기 어디지! 가봐야겠어!"를 외치게 만드는 배경을 발견했을 때다. 지금은 폐지된 SBS의 토크쇼「힐링캠프」를 보면서도 같은 경험을 했었다. 한옥과 자연이 만나 만드는 평화로운 풍경 속에서 이야기를 나누면 나도 모르게 속내를 털어놓게 되지 않을까. 그렇게 '한옥카페 단궁'을 알게 되었지만 마음속에만 품고 있다가 이제야 방문하게 됐다.

단궁의 첫인상은 사진으로 보며 예상한 것보다 훨씬 규모가 크다는 것. 드넓은 잔디밭에 정갈한 한옥이 자리한 모습은 카페보다는 고궁에 놀러온 기분을 들게 했다. 규모가 커서인지 주차장이 두 군데로 나뉘어 있는데, 정문 주차장으로 들어가면 위쪽에서 카페를 한눈에 내려다볼 수 있고, 후문 주차장으로 들어갈 때는 바로 옆에 있는 기산 저수지에서 낚시하는 풍경을 볼 수 있다. 한쪽에는 산, 한쪽에는 저수지라니, 한가로운 시간을 보내기에 완벽한 위치임에 틀림없다.

초록 넝쿨들이 자라난 돌담, 관리가 잘된 정원, 그 너머 숲까지 보이는 테라스 자리가 탐났다. 하지만 비가 슬쩍 내리는 바람에 실내에 자리를 잡아야 했다. 카페 공간은 두 동의 한옥으로 나뉘어 있고, 그 가운데에는 장미 조형물과 분수가 있다. 외관을 둘러본 뒤 내부로 들어가자 또 다른 느낌의 모던한 인테리어가 눈에 띈다. 커다란 화분에 심어져 있는 알로카시아가 공간과 참 잘 어울린다.

주문한 음식과 음료가 나오기 시작했다. 카푸치노는 골드빛 잔에 담겨 우유 거품과 잘 어울렸고 아포가토는 제법 큰 잔에 푸짐하게 나왔다. 거기에 바질페스토, 모차렐라치즈, 토마토가 들어가서 싱그러운 페스토치즈파니니를 곁들이자 속이 든든했다.

카페 이름 '단궁(丹宮)'은 외관에 붉은 칠을 한 건물로, 임금이 있는 곳이자 마음의 휴식처를 뜻한다고 한다. 이름과 무척 잘 어울리는 분위기를 가진 이곳에서 선선한 휴식의 하루를 가지시기를.

≫ 밀이's 추천 메뉴 ≪	
카푸치노	12,000원
아포가토	12,000원
페스토치즈파니니 (아메리카노 함께 제공)	20,000원

여기도
좋아요

Food

◆ **헤세의 정원** 카페 겸 레스토랑
ADD 경기도 양주시 장흥면 호국로550번길 111
TEL 031-877-5111
OPEN 매일 10:00~21:30

12

우울할 땐 광합성이지!

굿데이 바이컴홈

+

경안천 습지생태공원

SEOUL

◇
경기도
광주(퇴촌)

더운 날씨가 계속되면 우리 몸은 지친다. 딱히 더위를 먹은 것 같지도 않은데
축축 처지는 느낌이 들고 보양식을 먹어봐도 소용이 없다. 이럴 때 가장 빠르고
정확한 처방전은 '초록'이다. 나무냄새, 풀냄새, 물냄새가 나는 곳에서 반나절만
여유로운 시간을 보내면 꿉꿉한 기분까지도 산뜻해진다. 경기도 광주 안에 있는
퇴촌을 발견한 날 나도 그런 경험을 했다. 서울에서 그리 멀지 않은 곳인데도
마치 강원도 산골짜기에 들어온 것처럼 자연의 푸르름이 가득했다. 시골마을
할머니댁에 놀러온 느낌이 드는 이 동네를 당일치기 휴가지로 추천한다.

느린 일상을 좋아하는 사람들의 가구와 커피
굿데이 바이컴홈

"진짜 이 길 맞아?"

몇 번을 되물었는지 모른다. 주변에는 오로지 초록초록한 산들뿐이고 드문드문
누군가의 전원주택이 보이는 게 전부였기 때문이다. 같은 광주에 살고 있지만
내가 사는 쪽은 분당과 인접해 있어 도심과 마을의 분위기가 섞여 있다면, 이쪽은
완전히 마을에 가까워 느낌이 달랐다.

핸드메이드 원목가구를 만드는 브랜드인 '바이컴홈'의 쇼룸 겸 '카페 굿데이'가
있다는 '굿데이 바이컴홈'을 찾아가는 길이었다. 느리고 길게 숨쉬는 일상을
좋아하는 사람들이 모여 생활에 필요한 가구와 소품을 직접 디자인하고 만드는

곳이다. 쇼룸에서는 바이컴홈만의 감각으로 셀렉한 테이블웨어나 패브릭 소품,
가드닝 용품까지도 만날 수 있다. 그러고 보니 위치부터 이들의 슬로라이프 철학이
드러난다. 흔하디흔한 '가구단지'에 있었다면 장사는 더 잘되었겠지만 지금의
쇼룸이 가지고 있는 특유의 한갓진 느낌은 없었을 거다.

쇼룸 건물의 외관은 바이컴홈이 만드는 가구와 마찬가지로 원목과 철재가 조화를
이룬다. 편안한 브라운톤 덕분에 주변 전원주택들과도 자연스럽게 어우러진다.
뒤편으로는 울창한 수림이 있어 멀리서부터 '이런 곳에 살면 정말 좋겠다'는 생각을
하며 다가갔다.

넓게 트여 있는 내부로 들어오면 가장 먼저 제각기 아름다운 나뭇결을 가지고
있는 원목테이블들이 눈에 들어온다. 그다음으로는 한편에 가지런히 놓여 있는
목재들도 보인다. 정통 핸드메이드 방식으로 만든 이 나무 가구들은 정갈하고
견고한 느낌을 주며 언뜻 보아도 알 수 있을 만큼 후처리가 깔끔하다.

쇼룸 자체가 카페이기도 해서, 한쪽 코너에 있는 계산대 겸 주방으로 가
커피를 주문하고 바이컴홈의 테이블들에서 티타임을 즐기면 된다. 주문한
메뉴가 나오기를 기다리면서 우리 집에 통째로 옮겨놓고 싶은 가구와 소품들을
구경하느라 도저히 앉아 있을 수가 없었다. 선명한 나뭇결을 보여주는 테이블만
봐도 느린 속도로 만드는 작업의 수고로움과 정성이 느껴졌다.

이 아름다운 테이블 위에 우리가 주문한 커피와 스콘이 놓였다. 향이 좋은 커피를
천천히 마시는 동안 어디선가 선선한 바람이 불어오고, 나무 가득한 공간 너머를
내다보면 텃밭에서 기르는 채소들과 숲이 보인다. 두 번째로 방문했을 때는 운

주소 경기도 광주시 퇴촌면 원당리 89-2
전화번호 031-767-5524
영업시간 화~일 11:00~19:00 (월요일 휴무)

좋게도 텃밭 채소들이 잘 자랐다며 방금 딴 채소로 만든 샐러드를 대접받았다. 향이 어찌나 좋던지. 도심에서는 가질 수 없는 넉넉한 마음이 느껴져 더욱 감동적이었다.

이 따뜻함은 매월 마지막 토요일에 열리는 '굿데이 마켓'에서도 엿볼 수 있다. 지역 주민들과 소통하고 시간을 나누자는 뜻에서 열리는 플리마켓으로, 각종 핸드메이드 소품이나 식료품 등을 판매한다. 수익금 일부는 쇼룸 근처에 위치한 위안부 피해 할머님들이 계시는 '나눔의 집'에 기부하고 있다. 핸드메이드 도마, 트레이, 액자, 거울, 시계 등 원목을 이용해서 소품을 만드는 원데이 클래스도 진행할 예정이라고 하니 친구나 가족들과 함께 수업도 듣고 커피 한잔하며 느긋한 시간 보내시기를.

밀이's 추천 메뉴	
아메리카노	4,000원
카페라떼	4,500원
카모마일티	6,000원

04

선순환의 좋은 기운을 머금은 곳
경안천 습지생태공원

주소 경기도 광주시 퇴촌면 정지리 447번지
전화번호 031-767-5524
이용시간 하절기 05:00~20:00, 동절기 07:00~18:00

굿데이 바이컴홈에서 도보로 5분 거리에 커다란 공원이 있다. 수변 산책로가
걷기 좋은 '경안천 습지생태공원'이다. 서울 시민들의 식수원이 되는 것이
팔당호의 물인데, 경안천이 팔당호로 유입되는 지점에서 부들, 갈대, 수련 같은
수생 식물들을 길러 오염물질을 걸러내고 있다. 덕분에 수질이 개선되었고 각종
동식물들의 서식처가 되고 있다고 한다. 특히 겨울이면 고니와 기러기 같은
철새들이 수백 마리씩 날아들기 때문에 이미 사진작가들 사이에서는 촬영지로도
유명하다. 깨끗한 물에 중요한 역할을 하는 습지라는 것만으로도 이곳이 소중하게
느껴지지만 조용히 산책을 즐기다 보면 동식물뿐 아니라 사람에게도 좋은 기운을
주는 곳이라는 것을 알 수 있다. 소나무, 벚나무, 버드나무가 우거진 습지
사이사이를 흙길, 둑방길, 나무로 만들어진 산책로를 걸어 다니는 시간은 완벽한

영양소를 갖춘 식단만큼이나 건강에 좋을 것만 같다. 입구로 들어가면 가장 먼저
물 위에 떠 있는 연잎들이 보인다. 그 위에 놓인 목재 데크를 따라가며 손바닥만 한
연잎을 들여다본다. 엄마아빠와 함께 온 아이들은 개구리라도 찾을 기세로 물속을
자세히 관찰하고 있었다. 곳곳에 경안천에 사는 새, 곤충, 식물에 대한 해설이
쓰여 있으니 제법 완벽한 자연학습 현장이라는 생각이 든다. 입구 오른쪽으로
완만한 경사길을 올라가면 연잎밭을 한눈에 내려다보게 된다. 산책로를 따라 돌면
1시간 남짓 걸리는 규모의 공원이기에 막힘없이 넓게 펼쳐지는 자연을 볼 수 있다.
내가 들렀을 때는 아직 어린 이파리였지만 여름이 깊어져 7~8월이면 연꽃들이
만개해 장관을 이룬다.
수변 산책로를 따라 왼쪽에는 공원, 오른쪽에는 경안천을 두고 걸어보자.
가꿔지지 않은 날것 그대로의 모습을 한 경안천은 또 그 나름의 매력이 있다.
이리저리 자라난 갈대를 보며 평온함을 느꼈다. 멀어질수록 흐려지는 겹겹의 산과
잔잔하게 흐르는 경안천 모습에 반해 울타리에 기대어 한참을 바라보았다.
근처에 사는 것치고는 참 늦게 왔지만, 이제라도 발견해서 다행이다. 봄에는
버드나무와 벚꽃이 흐드러지고, 가을에는 갈대가 더욱 무성해진다고 하니 모든
계절에 찾고 싶은 곳이다.

◆ 팔당 전망대

ADD 경기도 광주시 남종면 산수로 1692
경기도수자원본부 9층
TEL 031-8008-6937
OPEN 매일 09:00~18:00

◆ 흙토담골

ADD 경기도 광주시 퇴촌면 석둔길 3
TEL 031-767-2855
OPEN 매일 11:00~21:30

13

발길 닿는 대로 흘러 다니고 싶은 날

메쉬커피

+

응봉산 공원

뚜렷한 목적지 없이 걷다가 재밌는 가게를 발견하면 구경하고, 그 옆 카페
인테리어도 감상하고, 또다시 걷다가 탐나는 구두 가게를 발견하면
신어보기도 하고, 지쳤을 때쯤 맛있는 밥과 디저트를 먹는 하루. 이렇게
아무런 계획이 없어 보이면서도 제법 알찬 하루를 보내고 싶은 사람에게는
성수동 나들이를 권한다. 옛 공장터 사이사이에 젊은 예술가가 모여들고,
평범한 골목길을 누비다 보면 흥미로운 가게를 수시로 발견하게 되는 곳.
'서울의 브루클린'이라 불리는 성수동은 특유의 매력이 넘치는 동네다.

지친 발걸음 뒤에는 향 좋은 커피를!
메쉬커피

주소 서울시 성동구 서울숲길 43
전화번호 02-464-7078
홈페이지 www.meshcoffee.kr
영업시간 월~토 10:00~19:00 (일요일/공휴일 휴무)

웬만하면 걷는 것을 좋아하기에 평소에도 하이힐을 즐겨 신지 않지만, 성수동에
갈 때는 반드시 편한 신발을 신는다. 가로수길처럼 볼 만한 가게들이 한 길에 몰려
있는 것이 아니고 뿔뿔이 흩어져 있어서, 성수역, 뚝섬역, 서울숲역 근처에서
골목골목 발품을 팔며 긴 동선을 소화해야 하기 때문이다. 호기심 많은 나는 이
날도 궁금한 가게들을 리스트업한 뒤 길을 나섰다.
빵덕후들의 사랑을 받는 보난자 베이커리에서 빵 한 보따리를 사고, 스탠다드
서플라이, 문밀크, 베란다 레시피 등 눈에 들어오는 작은 가게들을 둘러본다.
SNS에서 하루에도 몇 번씩 볼 수 있는 카페를 발견하면 인테리어를 슬쩍
구경하고, 로이크, 레이크넨, 써티포민 같은 젊은 구두 디자이너들의 쇼룸도
놓치지 않는다.
걷는 속도가 점점 느려지고, 카페인 충전이 간절해질 때쯤 '메쉬커피'로 향한다.

커피 맛 좋기로 유명한 이 카페는 10년간 커피에만 매진한 두 남자, 김현섭
바리스타와 김기훈 바리스타가 운영하는 곳이다. 점점 번화해지고 있는 성수동
골목에서 약간 벗어난 외곽에 위치하지만 핫한(!) 가게보다 소박한 동네 커피집을
원한다면 들러볼 만하다.

주변에 카페가 거의 없는 골목인데도 메쉬커피는 단번에 눈에 띄지 않는다.
조용한 길에 오래전부터 있었던 것처럼 자연스레 스며들어 있기 때문이다. 공간은
생각보다 아담했고, 카페라기보다는 디자인 사무실이나 공방 같기도 했다. 절반을
차지하고 있는 로스팅룸에서는 두 바리스타가 직접 콩을 볶기 때문에 때가 되면
카페 근처까지도 원두향이 진동한다.

소문대로 커피 맛은 훌륭했다. 한창 카페라떼에 꽂혀서 어딜 가든 라떼를 주문하던
시기였는데, 그 무렵 마신 라떼 중에서도 가장 진하고 고소했다. 평일에는
직접 블렌딩한 원두로 커피를 내리고, 토요일에는 두 바리스타가 고른 원두로

싱글오리진커피를 판매한다. 마침 토요일에 방문한 나는 그날의 원두로 내려준 싱글오리진커피를 마셨고, 앞으로도 매주 토요일마다 방문해서 그때그때 바뀌는 원두로 내리는 커피를 마셔보고 싶었다.

메쉬커피에는 칵테일 메뉴도 준비되어 있다. 위스키를 첨가한 '성수동 레몬에이드', 김기훈 바리스타가 즐겨 마시는 '김렛 하이볼', 김현섭 바리스타가 즐겨 마시는 키피칵테일인 '메쉬 올드패션드'까지. 뿐만 아니라 수제 아이스크림으로 유명한 펠앤콜과 컬래버레이션한 메뉴 '멕시칸썸머'가 시즌메뉴로 갖춰져 있다. 메쉬커피만의 개성이 듬뿍 담겨 호기심을 불러일으키는 메뉴 구성을 보면서 흐뭇한 미소가 지어졌다.

테이블에 앉으니 구조상 바리스타 분들과 마주보게 됐고, 자연스레 이런저런 대화가 오간다. 드나드는 손님들도 빵을 나눠주고 가는 등 동네 사랑방 느낌이 물씬 난다. 정겨운 분위기를 뒤로하고 길을 나서니 주택가 사이사이에 공방들이 보이고 서울숲에서 탈 수 있는 자전거 대여소도 눈에 띈다. 소소한 구경거리에 행복해하며 우리는 저녁식사를 위해 두 바리스타가 근처 맛집으로 소개해준 소녀방앗간으로 향했다.

⟩ 밀이's 추천 메뉴 ⟨	
아메리카노	3,500원
카페라떼	4,000원
핸드드립커피	5,000원

이토록 빛나는 서울의 야경
응봉산 공원

여름밤만이 주는 설렘이 있다. 뜨겁던 한낮의 열기가 가라앉고 어디선가 불어오는
선선한 바람 한 줄기를 맞이하는 시간. 넋 놓고 풍경을 감상하거나 도란도란
대화를 나누다 시간 가는 줄 몰라도 감기 걱정을 하지 않을 수 있는 유일한
계절이기에 밤을 좀 더 즐기기로 했다.
더 가까운 서울숲에서 잠깐 산책이나 할까 하다가, 성수동과 같은 성동구 안에
있는 응봉산 공원을 선택했다. 남산에서 내려다보는 것보다 아름다운 야경을 볼
수 있다는 이야길 들었기 때문이다. 이 동네에 살지 않으면 생소한 곳이지만 이미
사진가들 사이에서는 야경 촬영지로 유명하다.
응봉역 1번 출구 뒤쪽 주택가 골목길을 따라 올라가다 보면 응봉산 공원으로
이어지는 산책로가 나온다. 정상까지 걸어서 20~30분이면 충분할 정도로
야트막해서 어릴 적 향수를 불러일으키는 동산 같다. 가능하다면 붉게 지는 노을도
사진에 담고 싶어 해가 지기 전에 서둘러 올라갔다.

주소 서울시 성동구 응봉동 응봉산
전화번호 02-2286-6061

눈에 익은 팔각정이 나타났다면 그곳이 바로 응봉산 공원이다. 팔각정 가까이로
가면 남산, 한강을 비롯한 서울 모습이 한눈에 펼쳐진다. N서울타워, 서울숲,
주택가까지 모두 어우러져 낮에 보아도 멋졌다. 공원 조금 아래쪽에는 전망대가
있다. 그곳이 야경을 보기에 가장 적합한 곳이라는 것을 바로 알아챌 수 있었다.
커다란 렌즈를 장착한 카메라 군단이 벌써 삼각대로 자리를 잡고 늘어서 있었기
때문이다.

뉘엿뉘엿 해가 넘어가는 모습을 지켜본다. 익숙하게 운동 나온 동네 주민들이 스쳐
지나간다. 이런 풍경을 매일 본다니, 그들이 부러워지는 순간이다. 한 아저씨가
"조금 있으면 하늘이 새빨갛게 물들 것"이라는 반가운 예언을 해주곤 지나가셨다.
아니나 다를까 몇 분 지나지 않아 그림처럼 붉은 노을이 지며 황홀한 풍경을
만들어냈다.

곧, 우리가 기다리던 밤이 찾아왔다. 서울이 반짝이기 시작한다. 평소 같았으면
차가 막힌다고 불평했을 텐데, 오늘은 성수대교와 동호대교 위를 달리는 자동차
헤드라이트마저도 낭만적이다. 대화소리가 멈추면 카메라 셔터소리만이 공간을
메웠다.

지금까지 마음에 남는 한 장면이 있다. 편안한 차림의 노부부가 다정하게 벤치에
앉아 풍경을 바라보던 모습. '시간이 많이 흘러도 아름다운 곳 찾아다닐 것,
그러려면 체력 관리도 잘할 것……' 여러 가지 다짐을 곱씹게 되는 밤이었다.

여기도
좋아요

Cafe

♦ **대림창고 갤러리컬럼** 카페 겸 갤러리
ADD 서울시 성동구 성수이로 78
TEL 02-499-9669
OPEN 매일 11:00~23:00

Cafe

♦ **오르에르 OrEr**
ADD 서울시 성동구 연무장길 18
TEL 02-462-0018
OPEN 매일 11:00~21:00

14

조심스럽게 마음을 전하고 싶은 날

갤러리 저집

+

수연산방

서울 성북동

서울 부암동

성북동이나 부암동은 아무런 볼일 없이 어슬렁거려도 재밌는 동네지만,
어른들을 모시고 가기에도 좋다. 특유의 고즈넉한 분위기를 무척 반가워하며
좋아하시기 때문이다. 사회생활을 하며 만난 친구지만 나이 차이가 꽤 나고
인생의 멘토 역할을 해주셔서 선생님이라 부르는 분과의 티타임 약속을
잡을 때도 가장 먼저 두 동네를 떠올렸다. 모처럼 시간을 낼 수 있는 날,
좋아하는 사람과 좋은 곳에 가는 일. 이것이 인생의 가장 큰 행복 중 하나라고 확신한다.

단정하고 정갈한 매력이 넘치는
갤러리 저집

선생님을 만나기 전, 부암동으로 향했다. 이곳에 젓가락 갤러리이자 숍이
있다는 이야기를 들었을 때부터 언젠가 중요한 사람에게 선물할 일이 있으면
들러야겠다며 염두에 두고 있었기 때문이다. 젓가락을 선물하는 일은 처음이라서
'마음에 드는 것이 없으면 어떡하나' 반신반의하는 마음이었다. 젓가락은
우리나라보다 일본에서 훨씬 흔한 선물이다. 누군가에게 축하할 일이 있으면
으레 젓가락을 선물하는데, 미국 대통령인 오바마가 당선되었을 때도 일본에서는
오바마 대통령의 두 딸 이름을 새겨 젓가락 선물을 보냈다고 한다.
부암동주민센터 맞은편 길에서 고즈넉한 동네와 자연스레 어울리는 미색 건물을 발견했다면 그곳이 바로 '갤러리 저집'이다. 저집이라는 이름의 '저'는 나를 낮추는 말인 저, 지시어로서의 저, 젓가락의 저를 모두 의미한다. 소소하지만 가장 긴요하게 쓰이는 소품인 젓가락을 통해서 우리 삶이 아름답게 고양되기를 바라는 마음이 담겼다. 젓가락을 매개로 새로운 문화공간을 만들고 있는 갤러리 저집에서는 일상 속 아름다움을 담고 있어 마치 작품 같은 젓가락들을 감상하고 구입할 수 있다.

비밀스러운 공간에 들어가듯 계단을 내려가면 갤러리 입구가 나온다. 내부에 들어서면 가운데 놓인 1인 반상들이 눈에 띈다. 연꽃을 표현한 이 오브제는 반상에 달린 다리도 젓가락을 이용해 제작했다. 전체적으로는 연꽃이 핀 연못을 형상화한 내부의 디테일을 보면 벽면은 한지로 그라데이션되어 있고, 천장에는 대나무빗으로 구름을 표현했다. 대한민국 디자인 어워드 공간부문 대상을 차지한 곳답게 정갈하고 우아한 톤앤매너가 무척 매력적이다.

20평 정도의 크지 않은 공간이지만, 백여 종의 다양한 젓가락이 전시되어 있다. 세계 어디에 내놔도 자랑스러운 젓가락 브랜드가 될 거라는 스태프의 설명이 인상적이다. 실제로 책갈피를 세계로 수출하는 '굿윌'의 박연옥 대표는 일본 바이어와의 미팅에서 늘 젓가락에 신경 쓴 테이블 세팅을 보며 젓가락 역사가 일본보다 더 깊은 한국에 내로라할 젓가락 브랜드가 없다는 것이 안타까워 갤러리 저집을 설립했다.

주소 서울시 종로구 창의문로 142-1
전화번호 02-3417-0119
홈페이지 www.chopstickshouse.co.kr
영업시간 10:00~18:00
가격 30,000~300,000원
(종류에 따라 금액도 다양하다)

문화상품이면서 예술작품 같기도 한 젓가락들을 차례로 본다. 조선시대 전통
기법을 그대로 살려 옻칠과 나전칠로 디자인했고, 주로 원주나 전주의 장인의
손에서 탄생했다. 한쪽에 마련된 체험 코너에서 저집의 젓가락으로 콩, 팥알을
집어 올려보니 그립감이 참 좋다.

한참 고민 끝에 적당한 가격대의 제품을 구입했다. 비싼 축에 속하는 제품이
아니었지만 정성스럽게 예쁜 패키지에 포장해준다. 아직까지는 주로 예단이나
외국인 선물용으로 많이 판매된다고 한다. 실제로 우리나라 대통령의 외교
선물용으로도 판매됐다. 꼭 구입하지 않더라도 부암동에 올 일이 있다면
한국적이고 편안한 정서를 간직한 갤러리 저집은 체험해볼 만하다.

전통찻집이 된 소설가의 고택
수연산방

주소 서울시 성북구 성북로26길 8
전화번호 02-764-1736
영업시간 매일 11:30~22:00

선생님과 함께할 장소를 고민하다 '수연산방'을 떠올린 것은 신의 한 수였다.
나처럼 SNS에서 슬쩍 보고 '단호박 빙수 유명한 곳이구나' 했다면 누구나 이곳에
실제로 들어서는 순간 감탄을 금치 못할 것이다. 소박한 가옥이지만 특유의 정취가
있고, 오래된 것에서만 느낄 수 있는 기품이 뿜어져 나오기 때문이다.
만해 한용운 선생의 생가인 심우장, 저명한 미술사학자인 최순우 선생의
옛집, 소설가 이재준 생가, 독특한 배경을 가진 길상사, 최초의 사립박물관인
간송미술관 등 문화적으로 의미 있는 장소가 몰려 있는 성북동답게 이곳 또한
상허 이태준 작가가 살던 곳이다. 「달밤」, 「돌다리」, 「황진이」 같은 작품을 여기서
집필했고, 수연산방이라는 당호도 그가 지었다. '문인이 모이는 산속의 작은
집'이라는 뜻이다.
본관과 별채로 나뉜 입구에 들어서면 작은 길이 나 있고, 주변에 꽃과 나무가
어우러져 있다. 본관 대청마루를 기준으로 오른쪽에 있는 안방은 사랑채처럼
단란해 보인다. 대청마루 앞에는 댓돌이 놓여 있는데 손님들의 신발을 댓돌 위에
나란히 정리해둔 모습이 무척 정겨웠다.

어디에 자리를 잡을까 고민하다가 날도 선선하니 좋아 툇마루에 자리를 잡았다. 안에 들어와 앉으니 오래된 나무 냄새가 나서 밖에서 보는 것보다 더 큰 감흥이 밀려온다. 따뜻한 햇살이 내리쬐는 정원은 나무들의 그림자까지도 아름다워 보였다.

우리가 주문한 음식들은 마찬가지로 세월이 느껴지는 소반에 단아한 모습으로 차려졌다. 대표 메뉴인 단호박 빙수는 노란 단호박 앙금과 단팥, 분홍색 찹쌀떡을 올려 모양새부터 한국의 미를 뽐내낸다. 단호박 앙금과 팥 앙금은 이곳에서 직접 쪄서 만든다고 하는데, 달지 않고 담백해서 우유얼음과 잘 어울린다. 함께 시킨 대추차는 국내산 대추를 오랜 시간 다려 진한 맛이 일품이다. 겨울에 마시면 감기 기운이 뚝 떨어질 것만 같다. 함께 나온 한과는 달짝지근해서 대추차에 곁들여 먹기 좋다.

가만히 앉아 있으니 지나가던 사람들이 들어와 "여긴 뭐 하는 곳이에요?" 하고 묻는다. 찻집 간판을 걸지 않았고 옛 모습을 그대로 간직하고 있어 종종 일어나는 해프닝이라고 한다. 지금 당장 옛 문인들이 모여들어 이런저런 작품 얘기를 해도 어색하지 않을 분위기다. 고즈넉한 분위기에 푹 빠져든 나와 선생님은 빨갛게 물든 낙엽이 떨어지는 계절이 되면, 이곳에 다시 와서 따뜻한 차를 마시고 길상사까지 산책도 하자는 약속을 했다. 가을이 오면 먼저 연락드려야지.

밀이's 추천 메뉴	
단호박 빙수	10,500원
대추차	8,500원

15

고요한 사색의 시간이 필요한 날

청운문학도서관

+

라 카페 갤러리

서울
부암동

평일엔 주어진 일을 열심히 하고, 주말에는 틈틈이 산으로 들로 놀러도 다니지만 문득
공허함이 몰려올 때가 있다. 지금 잘하고 있는 걸까, 뭔가 변화해야 하는 타이밍은
아닐까, 이대로 안주하면 나쁜 걸까…… 이런저런 생각이 드는 순간에 마음을
진정시켜주는 특효약은 조용히 사색하는 시간이다. 도서관에서 재밌어 보이는 책을
몇 권 골라 실컷 읽다가 운치 있는 카페로 이동해 향긋한 차를 마시며 내 마음을
들여다보는 시간을 갖고 나면 분명 정신적으로 충만해지는 기분을 느낄 수 있다. 여름의
끝을 잡고, 차분한 나들이를 떠나보자.

📖
한옥의 낭만이 문학 작품을 품다
청운문학도서관

지친 마음 내려놓고 편히 쉴 곳을 발견했을 때, 우리는 '이 동네에 살아볼까' 하는 꿈을 꾼다. 언덕길을 올라 '청운문학도서관'을 발견한 순간 나는 그런 꿈에 사로잡혔다. 입 밖으로도 당장 뱉었다. "이런 도서관이 근처에 있는 곳에 살고 싶어."

이곳은 우리나라 최초의 한옥 공공도서관이다. 마치 한옥마을에라도 온 것 같은 한옥이 실제 도서관으로 쓰인다. 지붕은 전통방식으로 만든 수제 기와를 사용했고, 돌담 위에는 돈의문 뉴타운 지역에서 철거된 한옥의 기와 3천여 장을 가져와 재사용했다. 한옥도서관이라고 해서 오래된 유적 같은 것은 아니고, 2014년 11월에 신축된 건물이라 말끔하다. 예스러운 1층과 달리 지하 1층은 현대식으로 지어져 있기도 하다. 무엇보다 인왕산과 북악산에 폭 파묻힌 터에 위치해 있어서 자연과 책이 만나는 공간이라는 그 자체로 더욱 특별하게 느껴졌다.

1층으로 들어서니 유치원생으로 보이는 아이들이 한복을 입고 프로그램에
참여하고 있다. 아이들을 위한 까치서당, 엄마아빠와 함께 참여하는 독서캠프,
인문학 콘서트, 문학 창작교실 등 다양한 프로그램이 진행되는 장소라고 한다.
열람실은 지하 1층에 있다. 문학도서관이라는 이름에서 알 수 있듯이 시, 소설,
수필 위주로 문학 도서들이 갖춰져 있다. 서가 옆에는 편안하게 책을 읽을 수 있는
공간이 있고, 아이들이 온돌방처럼 바닥에 앉아 놀 수 있는 키즈존도 마련되어
있다.

주소 서울시 종로구 자하문로 36길 40
전화번호 070-4680-4032
운영시간 화~일 10:00~19:00 (월요일/명절 휴무)

야외에서 책을 읽을 수 있는 공간을 발견하곤
냉큼 한 자리를 차지했다. 정말 여름이 끝나
가는지 선선한 바람이 분다. 산속이라서
공기도 좋아 책이 술술 읽히는 기분이다.
덕분에 예상했던 것보다 더 오랜 시간 책 한
권을 붙들고 있었다. 바로 옆에는 북카페가
있어 책과 커피를 함께 즐기기 좋다.
이곳의 매력은 여기서 끝나지 않는다.
옆쪽으로 난 산책로를 따라 올라가면 서울
시내와 한옥도서관 건물이 내려다보이고,
바로 옆에는 시인 윤동주의 일생이 담긴
윤동주 문학관이 있다. 원한다면 인왕산
자락길을 따라서 더 긴 산책을 할 수도 있다.
이만하면 서울에서 가장 사색하기 좋은
곳이라고 칭하기에 충분하지 않을까?

흑백사진과 계절담근차의 조화
라 카페 갤러리

좋은 사람들이 뿜어내는 좋은 기운은 그들이 함께하는 공간에도 묻어난다.
'라 카페 갤러리'가 바로 그런 곳이다. 생명, 평화, 나눔의 세계를 모토로 하는
비영리사회단체 '나눔문화'가 운영하는 문화공간으로, 주로 카페 겸 갤러리 역할을
하고 있다. 선한 세상을 꿈꾸는 사람들이 운영해서인지 이곳에서는 내내 따뜻한
기운이 감돌았다.

라 카페 갤러리로 가는 길은 두 가지다. 자하손만두 맞은편 주택가 골목으로
들어서면 라 카페 갤러리의 1층이 나타나고, 산모퉁이카페 쪽 차도로 올라왔다면
4층이 바로 나타나므로 계단으로 내려오면 된다. 1층은 포럼실, 2층은 카페 겸
갤러리, 3~4층은 연구실이다.

2층으로 올라가는 순간 벽면에 전시되어 있는 사진들이 눈에 띈다. '나눔문화'를
설립한 박노해 시인의 작품들이다. 이곳에서는 언제나 '박노해 사진전'이 무료로
열리고 있기 때문에 사진전 관람만을 위해 찾는 사람들도 많다. 내가 방문했을
때는 인디아 사진전「디레 디레」가 열리고 있었다. "디레 디레, 천천히 천천히. 내

영혼이 따라올 수 있도록"이라는 문구에서부터 발걸음이 멈춰졌다. 박노해 시인의
사진들과 직접 쓴 캡션을 차례차례 보며 그들의 삶 속에 담긴 처연함과 평화로움을
동시에 느꼈다. 느린 풍경을 보고 있으니 자연스럽게 내 머릿속과 마음속을
들여다보게 된다.

천천히 사진을 본 뒤에 자리를 잡았다. 테라스에서 키우는 알록달록 화분들이
잘 보이는 자리였다. 이곳의 인기메뉴는 '계절담근차'인데 내가 처음 방문한
늦여름에는 오미자민트티가 준비되어 있었다. 문경 고산지에서 수확한 진환성
오미자는 더위와 갈증을 해소해주고, 민트는 몸을 맑게 정화시켜주어 더운 날씨에
무척 잘 어울리는 차다. 나눔문화 연구원이 손수 담갔다고 하니 더욱 믿고 마실
수 있다. 커피중독자인 나도 이곳에서는 오미자민트티를 마시며 건강한 시간을
보냈다.

주소 서울시 종로구 백석동1가길 19
전화번호 02-379-1975
홈페이지 www.racafe.kr
영업시간 11:00~22:00 (목요일 휴무)

한쪽에는 짧은 코멘트들과 함께 책이 진열되어 있다. '라 책방'이라는 이름으로 나눔문화에서 추천하는 책을 판매 중이다. 문화공간이라는 이름에 걸맞게 카페, 갤러리, 책방을 함께 누리니 마음이 좋은 에너지로 가득 차는 것 같다.

그 느낌이 그리워 가을에도 한 번 더 이곳을 찾았다. 주문 가능한 계절담근차는 문경 주흘산 기슭에서 수확한 친환경 홍옥을 나눔문화 연구원들이 담근 시나몬애플티였다. 비타민이 많은 사과와 몸을 따뜻하게 해주는 시나몬의 조화가 쌀쌀한 그날의 날씨와 참 잘 어울렸다. 언젠가 또다시 맑은 기운이 필요한 날, 세 번째로 방문해서 계절담근차를 마실 생각이다.

▷▷▷▷ 밀이's 추천 메뉴 ◁

계절담근차   6,000원

1~4월 제주햇살레몬차, 4~7월
깊은산골산딸기티, 7~8월 오미자민트티,
8~10월 하늘복숭아티, 11~12월
시나몬애플티

샌드위치   8,000원

♦ **데미타스**

Cafe

ADD 서울시 종로구 창의문로 133
TEL 02-391-6360
OPEN 매일 11:00~22:00

♦ **북악팔각정**

View

ADD 서울시 종로구 북악산로 267 북악팔각정
TEL 02-725-6602
OPEN 매일 11:00~23:00

PART
03

가을

16

가을비가 내린 다음 날

봄 파머스 가든

+

레스토랑 꽃

계절의 변화를 가장 선명하게 체감할 수 있는 날은 '비가 내린 다음
날'이다. 겨울이 끝날 무렵 비가 한 차례 내리고 나면 봄이 성큼 다가와
있듯이 여름의 끝도 그러하다. 어제부터 비가 내리더니 오늘 아침엔
처음으로 뭔가를 걸치고 나가야겠다는 생각이 들 정도로 쌀쌀했다.
창문을 열자 나뭇잎마다 빗방울이 맺혀 있다. 저 이파리들이 모두
떨어지기 전에 더 많이 봐두고 싶다는 생각과 초록이 많은 곳으로 가면
비에 젖은 풀냄새를 맡을 수 있겠다는 생각이 머릿속에 스친다. 서둘러
준비를 마치고 흘러가는 계절을 진하게 느낄 수 있는 곳으로 향했다.

경기도 양평

꽃과 나무를 돌보는 시간
봄 파머스 가든

길을 나서는데 다시 비가 내리기 시작했다. 여차하면 빗속을 걷겠다는 심산으로
외출을 강행했는데, 양평에 들어서면서 비가 그쳤다. 닥터박갤러리를 지나 5분쯤
더 달리니 '봄 파머스 가든'의 입구가 보인다. 한창 벼가 자랄 시기라 사방에 펼쳐진
논밭에는 노랗게 익어가는 벼가 가득해 바라만 보아도 흐뭇했다.

봄 파머스 가든이라는 이름만 들으면 뭐하는 곳인지 추측해보게 된다. 단순히
'농부들이 운영하는 정원 같은 곳인가 보다' 했는데, 그보다 훨씬 멋진 곳이었다.
야생이 살아 있는 정원과 작품을 감상할 수 있는 갤러리, 텃밭에서 그날그날
수확한 재료로 요리하는 레스토랑, 숲과 어우러지는 음악을 들려주는 공연장까지
모든 게 갖춰져 있다. 더 멋있는 것은 이곳을 만든 곽상용 대표의 마인드다.
30년간 직장생활을 하며 자연 친화적인 삶을 꿈꿔온 그는 커리어를 내려놓고
평온한 마음과 자유로운 문화생활, 건강한 식생활을 누릴 수 있는 완벽한 휴식처를

탄생시켰다.

입장료 7,000원을 내면 정원과 갤러리를 둘러볼 수 있고 음료 한 잔이 무료로 제공된다. 내부에 있는 레스토랑 꽃의 식사를 예약하면 입장료를 내지 않아도 된다. 봄 파머스 가든에 들어서면 가장 먼저 갤러리 두 동을 만나게 된다. 외벽이 나무로 이뤄진 단층의 기다란 건물은 숲과 인간을 연결하는 통로를 지향한다. 이곳에서는 회화, 조각, 사진, 만화까지 다양한 전시가 이뤄지는데 작가들이 스스로 기획하고 운영하도록 되어 있어 개성이 더욱 잘 드러난다.

갤러리 근처에서 하늘거리며 바람의 길을 보여주는 갈대들을 지나 키 큰 나무가 늘어선 길 쪽으로 걷는다. 키친가든과 레스토랑 건물을 지나치면 강변데크가 나온다. 데크에 올라서니 남한강과 접해 있는 입지를 살려 조성한 강변 산책로가 한눈에 들어온다. 흐르는 강물을 바라보다 시선을 돌리면 우드랜드가 있다. 오랜

시간 동안 형성되어 온 느티나무와 자작나무 숲이 살아 있고, 그 사이사이에
야생화와 산사나무, 노각나무, 만병초 등이 어우러진 정원이다. 숲 사이사이에는
야외 갤러리처럼 조각 작품들도 설치되어 있다.

천천히 걸으며 신선한 공기를 마시는 것의 소중함을 새삼 깨닫는 순간. 서울에서
한두 시간 거리에 이런 곳이 있다는 게 감사해진다. 더불어 세상에서 가장
편안하고 아름다운 정원이 되겠다는 봄 파머스 가든 사람들의 정신이 오랫동안
지켜지기를 바란다.

숲을 담은 슬로푸드
레스토랑 꽃

주소 경기도 양평군 강상면 강남로 729-46
전화번호 031-774-8868
홈페이지 www.fgbom.co.kr
운영시간 갤러리 10:00~18:00,
레스토랑 10:00~21:00 (라스트오더 19:30)
입장료 성인 7,000원, 초등학생 5,000원, 36개월 미만 무료
(입장료에는 가든과 갤러리 관람료, 무료음료 교환권 포함.
레스토랑 예약 후 식사 시 입장료 면제)

봄 파머스 가든의 소개글에는 '시간이 만들어낸 숲은 인간의 손으로 흉내 낼 수
없는 아름다움을 지녔다'는 문구가 나온다. 그 말에 깊이 공감하며 숲속을 거닐다
보니 예약해둔 식사 시간이 다 되었다. 아까는 무심코 지나친 레스토랑 건물
주변에는 키친가든이 자리하고 있다. 우리 전통 양식과 유럽식 디자인이 접목된
정원인데, 각종 허브와 채소들을 유기농으로 기르고 있다. 레스토랑 꽃에서는 이
텃밭에서 가꾼 식재료들을 그날그날 수확하고 자연 효소 등을 더해 슬로푸드를
요리하고 있다.
레스토랑 건물은 이곳이 지향하는 바를 고스란히 느낄 수 있다. 웅장하거나

화려하지 않은, 삼각형 지붕에 사면이 유리로 된 숲속 온실 같은 건물. 나무
사이로 보이는 유리 건물이 왠지 비밀스러워 보인다. 안에서 바깥을 바라보면
지붕이 높아 키 큰 나무들이 잘 보이고, 봄과 가을에는 창문을 활짝 열어두어
야외에서 식사하는 기분도 낼 수 있다.

주방을 보면 그 음식점에서 음식을 대하는 태도를 알 수 있기에 어딜 가든 주방을
기웃거리곤 한다. 레스토랑 꽃의 오픈형 키친은 몰래 관찰할 필요 없이 훤하게
들여다보였고, 분주하게 요리하는 모습 사이에서도 청결하고 정갈하게 관리되어
있었다. 식재료에 쏟는 정성만큼 다른 부분들도 건강하게 유지하려는 노력이
보인다.

이곳의 시그니처 메뉴인 '프리마베라 피자'와 '풍기 리가토니'가 나왔다. 토마토와

밀이's 추천 메뉴	
프리마베라 피자	24,000원
풍기 리가토니	25,000원

계절 채소, 리코타 치즈가 듬뿍 올라간 프리마베라 피자는 텃밭에서 재배한
식재료의 신선함을 한 입에 맛볼 수 있다. 먹을수록 건강해지는 느낌이라서
부담스럽지 않다. 풍기 리가토니는 한우 스테이크를 곁들인 버섯 크림 파스타다.
스테이크 한 점에 짭쪼름하고 진득한 크림소스를 묻혀 먹으니 저절로 함박웃음이
지어진다. 반드시 식사를 하지 않더라도 이곳에서 차 한잔하며 바깥 풍경을
감상하면 누구라도 여유로운 마음을 되찾게 될 거라고 자신한다. 설레는 계절
봄을 뜻하기도 하고 자연을 편안하게 바라봄의 봄을 뜻하기도 하는 봄 파머스
가든에서의 시간은 차갑지만 상쾌한 공기, 비에 젖은 흙냄새가 유난히 좋았던
나들이였다.

여기도
좋아요

Gallery

♦ **구하우스** 미술관
ADD 경기도 양평군 서종면 무내미길 49-12
TEL 031-774-7460
WEB koohouse.org
OPEN 화~금 10:30~17:30,
토~일 10:30~18:30 (월요일 휴무)
COST 성인 15,000원, 청소년 8,000원,
어린이(4~13세) 6,000원

View

♦ **서후리숲**
ADD 경기도 양평군 서종면 거북바위1길 200
TEL 010-2065-2387
OPEN 월~토 09:00~18:00 (일요일 휴무)

Cafe

♦ **산새공방**
ADD 경기도 양평군 용문면 학골길 4
TEL 031-774-3354
OPEN 매일 11:00~21:00

17

산뜻한 하루를 원한다면

소다 미술관

+

킨다블루

KINDA BLEU

◈

경기도 화성

이쯤 되면 이 글을 읽는 모두가 눈치 챘을지도 모르겠다. 내가 '한갓진 곳에 위치한
미술관+분위기 좋은 카페' 코스를 무척이나 좋아한다는 것을. 실제로 주변 사람들이
놀러갈 곳을 추천해달라고 할 때 1순위로 꼽는 것도 미술관과 카페다. 친구, 애인, 가족
누구와 가도 부담 없고, 어느 계절에 가도 즐길 수 있으며, 우리의 기분을 산뜻하게
만들어주는 가장 빠른 길이기 때문이다. 새파란 하늘이 눈부시던 가을날, 하루를 더욱
청명하게 만들어줄 새로운 장소를 찾아 나섰다.

예술이 가진 재생의 힘
소다 미술관

주소 경기도 화성시 효행로 707번길 30
전화번호 070-8915-9127
홈페이지 museumsoda.org
관람시간 화~일 10:00~19:00
(월요일과 설/추석 연휴 휴관, 전시 종료 30분 전 입장 마감)
관람요금 성인 5,000원, 학생 3,000원, 미취학 아동(3~7세) 2,000원

경기도 화성시 안녕동이라는 귀여운 이름을 가진 동네로 출발했다. 가진
정보라고는 내비게이션에 찍을 주소와 '짓다 만 찜질방을 활용한 건축물'이라는
것뿐이었다. 아니나 다를까 도착한 곳은 미술관이 있기에는 뭔가 애매한
위치였다.
미국에서 활동하다가 귀국한 건축가 권순엽이 맡은 '소다 미술관'은 대한민국
공간문화 대상, 레드닷 디자인 어워드 본상 등을 수상했다. '권위 있는 상을
수상했으니 무조건 가치 있는 것'이라는 생각을 하지는 않지만, 미술관의 내외부를
꼼꼼히 뜯어보고 있으면 독특한 매력이 넘쳐 어떤 상이든 받을 만한 공간이라는
생각이 든다.

앞서 언급했듯 이곳은 찜질방을 짓다가 중단되어 폐허처럼 남아 있던 구조물을 바탕으로 건축했다. 샤워실, 탈의실, 사우나실 등이 될 뻔한 많은 방의 벽면과 기둥을 그대로 살리되, 벽면이 모두 뚫려 있어 전시실에 들어가도 여러 공간이 이리저리 겹쳐 보이는 감각적인 뷰를 볼 수 있다. 천장은 일괄적으로 막은 것이 아니라 건물을 가로지르는 나무 데크와 컨테이너 3개를 얹어 천장 역할을 하고, 데크나 컨테이너가 지나가지 않는 부분은 세모 모양으로 뚫려 하늘이 보인다. 찜질방이라고 하면 떠올리게 되는 막힌 공간이 아니라 정반대로 확 트여 있는 구조로 재해석한 점이 무척 인상적이다.

소다 미술관의 또 한 가지 특징은 '관람객과의 소통'이다. 예술이 삶에 자연스럽게 스며들도록 복합문화공간의 기능을 하고, 누구나 마실 나오듯 편안하게 방문하는 미술관이 되겠다는 취지에 걸맞은 프로그램들을 마련하고 있다. 천장이 없는 야외 전시실에서는 스카이샤워 체험을 해볼 수 있다. 환경오염 걱정 없이 투명한 비닐우산을 쓰고 하늘에서 떨어지는 비를 마음껏 맞아보는 일이다. 그 외에도 젊은 감각이 반영된 문화체험이 가능한데, 인디 뮤지션의 공연, 푸드트럭 페스티벌, 플리마켓, 컬처 아카데미 등 트렌디한 행사들이 꾸준히 열린다.

가족 단위의 관람객들도 눈에 띈다. 미술관 중앙에 펼쳐진 넓은 잔디밭에서 뛰놀던 아이들은 어느새 부모님이 손에 쥐여준 우산을 들고 스카이샤워 속에서 비를 맞고 있다. 얌전히 서 있는가 싶더니 갑자기 우산을 버리고 맨몸으로 빗속을 뛰어다니는 모습과 그를 말리는 부모님의 당황한 표정을 보면 저절로 웃음이 난다.

1층에 있는 실내 전시실과 아트숍을
구경하고 2층에 올라가면 또 다른
뷰포인트를 만나게 된다. 컨테이너
속 옥상 갤러리에서 작품을 감상한 뒤
시선을 돌리면 미술관 건물이 훤히
내려다보여 이 독특한 건축물을 더욱
생생하게 관찰할 수 있다. 사진을
찍으면 이국적인 느낌이 물씬 나는
이곳에서 예쁜 컷을 몇 장 남기고,
다시 잔디밭에 마련된 벤치에서
쉬기도 하며 마음이 잔뜩 풀어진
시간을 보냈다.

♔

예쁜 것을 보면 기분이 좋아져요
킨다블루

주소 경기도 화성시 남여울1길 26-6
전화번호 070-7798-1011
홈페이지 www.shopkindableu.com
영업시간 매일 10:00~22:00

깔끔한 인테리어와 맛있는 커피, 센스 있는 제품 라인업으로 유명해진 리빙숍
겸 카페가 있다. 소다 미술관에서 차로 10분 거리에 위치한 '킨다블루'다. 몇 번
이야기를 듣고 와보고 싶던 참인데 화성까지 온 김에 들르기로 했다. 미술관에서
말랑말랑해진 감성을 커피 한잔하며 대화로 풀어내기 위해서.
많은 카페를 다니다 보니 무조건 유행하는 스타일로 꾸며놓은 곳보다는
자신들만이 가진 분위기가 있는 곳에 끌린다. 통유리 안쪽으로 보이는 가드닝
제품, 파란색 입간판, 하얀 벽과 헤링본 스타일로 짜여진 마블 소재 바닥이 한눈에
들어오는 킨다블루는 지향하는 것들을 잘 지키고 있다는 점에서 더 특별하게
느껴진다.
이곳은 굿커피와 굿디자인의 조화를 모토로 자체 제작 상품, 국내외 신진
디자이너들의 작품, 북유럽과 일본에서 셀렉해 온 상품을 판매하는 리빙 코너와

카페가 함께 있다. 작은 소품부터 가구까지 관심 있는 사람이라면 누구나 들어서는 순간부터 예쁜 것을 보는 즐거움과 물욕을 동시에 느끼게 될 것이다. 빔 리트벨트, 에곤 아이어만 등 디자인 거장들의 오리지널 빈티지 가구와 루이스 폴센 조명을 물끄러미 바라보던 나도 몇 번이나 "사버릴까" 하는 충동에 휩싸였다. 군이 성별에 국한할 필요는 없겠지만 '여심 저격'이라는 표현과 참 어울리는 곳이다. 수원 광교에서 두 번째 매장인 '원오디너리맨션'을 운영 중이기도 하다.

주문한 메뉴들이 나왔을 때 또 한 번 감탄이 나왔다. 더 추워지기 전에 차가운 디저트류가 먹고 싶어 '하겐다즈 썸머라떼'와 '자몽빙수'를 시켰는데, 둘 다 「킨포크」 매거진 화보에 나올 것 같은 비주얼이었기 때문이다. 하겐다즈 아이스크림 한 스쿱이 커다랗게 올라간 하겐다즈 썸머라떼는 아이스크림이 녹아내리며 만드는 그라데이션마저 예뻤고, 보기만 해도 입안에 침이 고이는 고운 빛깔의 자몽빙수는 기분까지 상쾌해지는 상큼한 맛이었다.

규모가 큰 카페에 사람이 가득 차면 웅성웅성 말소리가 울려 대화를 나눌 수가 없을 지경인데 킨다블루는 넓이에 비해 테이블 수가 적고 간격이 넓어 손님으로서는 정말 감사한 곳이다. 뱅앤올룹슨 스피커에서 흘러나오는 센스 있는 선곡들을 들으며 안락하기 그지없는 공간을 누릴 수 있었다.

밀이's 추천 메뉴

하겐다즈 썸머라떼	6,000원
자몽빙수	8,000원

여기도
좋아요

♦ 스위트핑거
ADD 경기도 화성시 동탄공원로3길 5-2
TEL 031-613-9439
OPEN 매일 10:30~22:30

♦ 비아티튜드
ADD 경기도 수원시 팔달구 정조로 781 중앙니즈몰
TEL 031-244-1927
OPEN 매일 10:00~23:00

18

도심을 벗어나고픈 시월의 어느 날

허브빌리지

+

재인폭포

어린 시절의 소풍을 떠올리면 고등학생이 되어서 테마파크에 가던
것보다 초등학교 때 산으로 들로 떠났던 기억이 좀 더 선명하게
되살아난다. 인파로 가득 차 복잡한 곳보다는 네모난 교실에서 벗어나
넓은 잔디밭 위에서 김밥을 먹고 보물찾기를 하던 그 시간이 더 그립기
때문이 아닐까 싶다. 가을 하늘이 참 예쁘던 날, 남편과 나는 아껴뒀던
휴가를 하루 썼다. 아픈 것도 아니고 기념일 같은 날도 아니었다.
그저…… 도심을 벗어나기 위해서였다!

경기도 연천

자연이 선사한 치료제
허브빌리지

'오늘이 가을의 절정이구나.'

하늘과 햇살을 보면 알 수 있었다. 덥지도 춥지도 않은 기온을 품고 선선한
바람이 불어왔다. 초등학교 때 단체로 관광버스를 타고 유원지에 가던 것처럼
추억이 방울방울한 마음으로 허브빌리지에 가보기로 했다. 먼저, 기왕 옛 생각
하는 김에 10년 전 남편의 훈련소 입소식 날 눈물을 흘리며 먹었던 연천훈련소
앞 망향비빔국수 본점에 들렀다. 리모델링을 해서 가게는 세련되게 변했지만
새콤달콤한 맛은 그대로였다. 가끔 '그때 그 장소'를 찾아가는 일이 삶을 행복하게
만든다.

키가 큰 가로수가 늘어선 길을 지나면 언덕 위에 자리한 허브빌리지가 나타난다.
전체적으로 건물 내외부는 프로방스 느낌이 묻어나는데, 아무리 북유럽풍
인테리어가 유행해도 허브빌리지에는 실제로 허브들의 천국인 프랑스 프로방스
지방풍이 가장 잘 어울린다. 1만 7,000여 평의 규모를 자랑하는 이곳은 야외
정원인 무지개가든, 스톤가든, 화이트가든, 플라워가든에 각종 허브와 꽃나무들이

어우러져 아름다운 풍경을 만들고 허브온실, 허브숍, 허브찜질방, 게스트하우스, 파머스테이블, 네버랜드 미술관 등 볼거리와 즐길거리가 풍부하다.

햇빛이 반사되어 반짝이는 갈대를 바라보며 걸으니 무지개가든이 나온다. 가을에 방문하면 이곳은 노란색과 보라색 국화로 가득 채워져 있다. 튤립축제, 라벤더축제, 안젤로니아축제 등 계절마다 그 시기에 가장 아름다운 꽃을 볼 수 있는 곳이다. 아래쪽에는 임진강이 흘러 마치 지중해 마을을 뚝 떼어다 풀어놓은 듯했다.

언덕길을 걸어 다니느라 조금 지쳤을 때쯤 시인의 길 중간에 나타난 연못 왼쪽에서 커피팩토리라는 카페를 발견했다. 냉큼 들어가 바닐라라떼와 레모네이드를 한 잔씩 들이켰다. 이제는 허브빌리지의 하이라이트인 허브온실을 감상할 차례. 멀리서 볼 때는 덤덤하게 '기다란 유리온실 안에 허브가 있나 보다' 했는데 막상

주소 경기도 연천군 왕징면 북삼리 222
전화번호 031-833-5100
홈페이지 www.herbvillage.co.kr
관람시간 4~11월 09:00~22:00, 12~3월 09:00~21:00
입장요금 성인(중,고생 포함) 평일 6,000원, 주말/공휴일 7,000원
(어린이는 1,000원 할인, 36개월 미만 무료)

안으로 들어서자 향긋한 허브 향기가 순식간에 몰려와 탄성이 절로 나왔다. 300평이 넘는 이 온실에는 100종이 넘는 허브와 이국적인 난대수목들이 어우러져 있다. 스페인에서 들여온 올리브나무는 수령이 300년 가까이 되어 우리나라 올리브나무 중 최고령이라고 한다.

잘 가꿔진 로즈마리를 손으로 살짝 흔들자 진한 향기가 번진다. 비염으로 고생하는 코가 뻥 뚫리는 기분이다. 적당한 온도와 습도를 유지하고 있는 온실 속에서 은은한 허브 향기를 맡으며 걸어 다니다 보면 어느새 마음이 편해시고 머릿속이 맑아진다. 허브가 갖고 있는 치료 효과를 제대로 보는 하루다. 배가 고파지면 허브빌리지에서 자란 허브를 활용해 요리하는 파머스테이블에서의 한 끼도 경험할 만하다.

◈◮

파란 물이 고이면 다시 만나자
재인폭포

재인폭포에 방문할 때는 최근 강수량을 꼭 염두에 두어야 한다. 사진으로 볼 때는 분명 에메랄드빛 물 위로 시원하게 물줄기가 내리치는 폭포였는데, 내가 갔을 때는 가뭄이 이어진 탓에 작은 물웅덩이만 남아 있었기 때문이다. 그럼에도, 자연적으로 생긴 18m의 협곡은 웅장하고 신비로웠기에 연천까지 온 김에 들르기를 잘했다고 생각한다. 평소라면 지나쳤을지도 모를 폭포를 굳이 찾아가는 것만으로도 멀리 여행을 떠나온 기분이 나기도 했다.

재인폭포는 한탄강 서쪽 깊숙이 자리하고 있어 외진 길을 한참 달려가야 나타난다. 특이하게도 평지가 움푹 내려앉으면서 큰 협곡이 생겨났고, 협곡 가운데로 폭포수가 흐르게 되었다. 관광명소에 가면 안내문에 쓰인 역사적 배경이나 전설 같은 것을 읽어야 감흥이 배가 된다. 이곳에는 '옛날 원님이 마을에 사는 재인의 아름다운 아내를 탐하여 재인에게 이 폭포에서 줄을 타게 해 죽게 하고, 아내를 빼앗으려 하자 재인의 아내는 굳은 절개를 지키며 자결해 그 후 재인폭포라 불린다'는 슬픈 전설이 얽혀 있었다.

전망대로 가면 위쪽에서 이 협곡을 내려다볼 수 있는데, 땅이 드러나서인지 협곡의 높이는 더욱 까마득해 보였다. U자 모양으로 생긴 전망대는 바닥이 강화유리로 되어 공중에 떠 있는 듯 아찔한 느낌이 든다. 고소공포증이 있는 나로서는 협곡이 신기하면서도 내심 겁이 나서 난간을 잡고 겨우 걸어갔다. 자연은 정말 보면 볼수록 놀랍다. 폭포 위쪽에 울창한 나무숲을 보며 그런 생각을 했다. 몇 주가 지나면 붉은 단풍이 들어 더욱 아름다울 것이다.

폭포를 더 가까이에서 보고 싶다면 27m에 달하는 계단을 내려가면 된다. 밑에 내려간 사람들이 개미만 하게 보이는 것을 보며 또 한 번 높이를 실감했다. 기대했던 시원한 폭포수를 보지 못해 못내 아쉬웠지만 물줄기가 그림처럼 쏟아지는 날 다시 올 것을 약속하며 발길을 돌렸다. 참고로 이곳은 군사작전 지역에 속해 10~4월에는 주말에만 개방되고, 5~9월에는 평일에도 검문 없이 통과할 수 있다. 개방시간은 그날그날 일몰 전까지라서 방문하는 당일에 체크하면 된다.

주소 경기도 연천군 연천읍 고문리 21
전화번호 031-839-2061

19

세상에서 사라지고 싶은 날

월정사

+

카페 난다나

◇
강원도 평창

슬럼프는 생각지도 못한 순간에 훅 하고 찾아온다. 일이 잘 풀리지 않자 컨디션 난조가
왔고, 자신감 상실과 함께 아무것도 하고 싶지 않은 시기가 와버렸다. 누군가에게
하소연을 해도 속이 풀리지 않으니 혼자 감당할 문제인 것 같아 쓸쓸해졌다. 문득,
절에 가고 싶었다. 불교 신자는 아니지만 산속에 있는 조용한 절에 가면 복잡한 마음이
정리되지 않을까 하는 기대감에서였다. '세상에서 사라지고 싶다'는 욕구가 극에 달한
날, 속세를 떠나듯 강원도 평창으로 향했다.

전나무에 둘러싸인 고즈넉한 절

월정사

붉게 물든 단풍과 쌀쌀한 바람이 함께하는 여행길이었다. '월정사'가 위치한 평창
오대산으로 향하는 길. 추운 날씨에 어깨를 웅크리면서도 차창 너머 깊어지는
산세를 보며 탁월한 선택이라는 생각이 들었다.
월정사 주변은 천년의 숲이라 불리는 나무들이 빼곡하다. 잔잔하게 흐르는
금강연 위에 금강교가 놓여 있고, 다리를 건너면 왼쪽에 월정사, 오른쪽에 전나무
숲길이 보인다. 자가용을 이용했다면 나처럼 금강교를 먼저 만나게 되지만 걸어
올라오면 일주문에서 시작되는 전나무 숲길이 먼저 반긴다. 천천히 걸어도 20분
남짓 걸리는 숲길을 타박타박 걸어본다. 고개를 들면 곧게 뻗은 나무 사이로 파란

하늘과 나뭇잎 사이로 들어오는 햇살이 눈에 들어온다. 벌써부터 작아졌던 마음이
조금씩 피어나는 느낌이다. 절을 둘러보기 전이나 후에 꼭 걸어보길 권한다.
금강연 냇물에 나무와 햇살이 비치는 모습을 물끄러미 바라보다 다시 월정사
입구로 향했다. 가장 먼저 만나는 천왕문을 지나 안으로 들어선다. 문수보살이
머무는 성스러운 땅이라 여겨지는 이곳은 구월산 4대 사찰 중 현재 남아 있는
유일한 사찰이다. 신라 선덕여왕 때 자장율사가 창건했다고 전해지는 천년
고찰이지만 긴 세월 동안 몇 차례 화재 등 사건사고를 겪으며 옛 모습을 많이
잃었다. 지금은 보수·재건된 건물만이 남아 있어 조금은 깨끗하고 정돈된
느낌이다.

다행히 이곳에는 세월을 고스란히 간직하고 있는 보물들이 있다. 넓은 앞마당으로
나가면 적광전 앞뜰에서 볼 수 있는 팔각구층석탑이다. 국보 제48호인 이
석탑은 남한에 유일하게 남아 있는 다각다층탑으로 독특한 비주얼을 자랑한다.
연꽃무늬로 치장된 단, 각 층마다 8개씩 달려 있는 풍경, 꽃비가 내리는 듯한
모습의 상륜부까지 하나하나 뜯어볼수록 매력적이다. 바람이 불자 풍경 소리가

주소 강원도 평창군 진부면 오대산로 374-8
전화번호 033-339-6800
이용시간 아침 일출 2시간 전부터 저녁 일몰
전까지 입장 가능
이용요금 성인(19~64세) 3,000원,
청소년/학생/군경(13~18세) 1,500원,
어린이(7~12세) 500원

화음처럼 들린다. 탑 바로 정면에는 보물 제139호인 석조보살좌상이 있다. 무릎을
꿇고 두 손을 모아 공양하는 모습이 거룩하게 느껴진다. 월정사는 이 둘을 포함해
국보 다섯 점과 보물 세 점, 강원도 유형문화재와 국가지정 문화재를 보유하고
있다.

절이 가진 차분하고 신성한 아우라를 느끼며 한 바퀴 둘러보는 동안 정말로 기운이
조금 차려졌다. 이곳이 오대산에서도 최고 명당에 위치하고 있다는데 그래서인지
오랜 터가 지닌 좋은 기를 받은 것 같기도 했다. 시간 여유가 있다면 월정사에서
상원사까지 이어지는 9km의 선재길을 걷는 것도 좋겠다.

♔

산사에서 만나는 향긋한 커피
카페 난다나

아무래도 산속에 머무르다 보니 조금 으슬으슬해졌다. 몸을 녹여야겠다 싶어
월정사 입구에 있는 카페 난다나로 들어갔다. 월정사는 독특하게도 카페와
베이커리, 전통찻집을 운영하고 있다. 유적지에 현대 문물이 스며든 느낌이라
신기했다. 그도 그럴 것이 카페 난다나는 사면과 지붕이 모두 유리로 만들어져
도심 속에 있는 세련되고 트렌디한 가게라고 해도 이상하지 않다. 그러면서도
커다란 전나무 사이에 위치해 전원적인 감성을 놓치지 않았다.

카페 안 의자에 앉아 따뜻한 차를 손으로 감싸 들고, 바깥 경치를 보고 있으니
'이런 게 사는 행복인가' 싶어진다. 강원도 산속 절에서 이런 호사를 누릴 줄이야.
컵 슬리브에 그려진 팔각구층석탑을 모티브로한 로고마저도 귀엽다.

'난다나'라는 이름은 '하늘정원'이라는 뜻인데 테라스 쪽에 나가면 왜 그런 이름을
지었는지 확실하게 알 수 있다. 아담한 실내와는 달리 무척 넓은 테라스 자리가
마련되어 있어 날이 조금만 따뜻했다면 좋았겠다는 아쉬움이 남았다. 테이블에는
커다란 전나무 그림자가 드리워져 그늘을 만들고 오대산의 깊은 산세와 아래쪽에
흐르는 금강연의 모습이 어우러지는 풍경을 지닌 자리였다. 밖에서 보면 각기
다른 가게로 보이는데 테라스에서는 전통찻집과 베이커리까지 모두 연결되어 있어
자유롭게 이용이 가능하다.

여기도
좋아요

🍴
Food

♦ 바셀로
ADD 강원도 평창군 용평면 느릅골길 53
TEL 033-333-00323
OPEN 매일 10:00~22:30

20

소중한 사람의 기분을
전환시켜주고 싶은 날

뮤지엄 산

+

산정집

사랑하는 사람이 힘든 상황을 겪고 있을 때 해줄 수 있는 일들 중 가장 값진 일은
'함께 시간을 보내주는 것'이라고 생각한다. 거기에 그 사람 취향에 잘 맞는 장소와
이야기를 들어주는 다정한 마음이 곁들여지면 금상첨화. 기분이 조금 풀어졌을 때
맛있는 음식까지 먹여주면 완벽한 마무리다. 나보다 감정기복이 적은 남편이 눈에 띄게
우울해하던 날, 센스 있는 아내가 되어 선물 같은 하루를 선사하기로 했다.

너의 마음이 잠시 쉬어가기를
뮤지엄 산

주소 강원도 원주시 지정면 오크밸리2길 260
전화번호 033-730-9000
관람시간 화~일 10:30~18:00
(관람 종료 1시간 전 입장 마감, 월요일 휴무)
관람요금 대인 15,000원, 소인 10,000원, 미취학아동 무료
(제임스 터렐관 포함 시 대인 28,000원, 소인 18,000원,
미취학아동 관람불가)

앞서 다른 미술관을 소개할 때도 밝혔듯 엄청난 예술적 소양이 있는 것은 아니다.
다만 취향에 맞는 전시들을 몇 번 경험하다 보니 미술관이라는 공간과도 친해졌고,
그곳에서 작품을 접하며 얻은 감정들이 삶을 풍요롭게 한다는 걸 깨닫게 되었을
뿐이다. 처음엔 어색해하던 남편도 비슷한 과정을 겪었고 마음에 드는 미술관이나
작품을 발견하면 함께 좋아하기에 이르렀다.
우울한 기분을 떨치기 위해 찾은 곳은 강원도 원주에 위치한 전원형 미술관인
'뮤지엄 산'. 잔잔한 물가에 내어놓은 예술작품 같은 이곳을 알게 된 순간부터
달려오고 싶어 엉덩이가 들썩였지만 가을 무렵에 오면 훨씬 더 좋을 것 같아
아껴두었던 곳이다. 오크밸리 리조트 안에 세워진 뮤지엄 산은 일본 출신의
세계적인 건축가 안도 다다오가 8년에 걸쳐 지은 건축물이다. 빛과 물과 돌을
적절히 활용해 세상과 단절된 느낌을 주며 작품 감상과 정적인 산책이 가능한

완벽한 문화공간이라고 할 수 있다.

산꼭대기라는 입지부터 독특하다고 생각했는데, 자연에 둘러싸인 미술관 건물을 보자마자 반하지 않을 수 없었다. 전체 구성은 웰컴센터와 본관, 플라워가든, 워터가든, 스톤가든이라는 세 개의 가든으로 짜여 있다. 거대한 성벽을 연상시키는 웰컴센터를 지나면 패랭이꽃이 만발한 플라워가든이 펼쳐진다. 꽃밭 사잇길을 따라 걸어 내려가자 자작나무 숲길이 나타난다. 차분한 분위기 속에서 남편의 이야기를 좀 들어줘야겠다고 생각했는데 아름다운 풍경에 반한 남편은 이미 우울함을 잊은 듯 사진을 찍느라 정신없다. 나도 덩달아 신이 나서 자작나무 앞 벤치에 앉아 함께 사진을 찍고 놀았다.

자작나무 숲길을 지나자 워터가든이 펼쳐진다. 자갈돌이 가득한 바닥과 그 위를 흐르는 야트막하고 잔잔한 물의 조화가 이렇게 아름다운 줄 이제야 알았다.

물에 젖으면 더 까맣게 반질반질해지는 해미석과 투명한 물, 빨간색 강철 조각,
파주석을 쪼개어 붙인 본관의 외벽, 본관으로 이어지는 좁은 길…… 상상도
해보지 못한 풍경이 신비롭기까지 해서 넋을 놓고 바라보다가 사진을 찍었다가 또
바라보았다.

뮤지엄 본관에는 종이의 의미와 가치를 재발견하는 페이퍼갤러리와 판화공방,
우리나라 근현대 회화와 조각품이 전시된 청조갤러리가 있다. 파주석 조각과 노출
콘크리트가 어우러진 건물 내부는 어두운 복도와 벽면에 빛이 절묘하게 들어오는
모습 그 자체가 마치 작품 같다. 판화공방에서 판화 제작 과정을 지켜보다가 옆에
마련된 나만의 엽서 만들기 코너에서 스탬프를 찍어가며 엽서를 몇 장 만들었다.
본관 입구 쪽에 카페가 있어 커피나 한잔하자며 들어갔는데 테라스 공간에
또 한 번 반하고 말았다. 워터가든의 연장선상으로 물가에 테라스가 맞닿아
있었기 때문이다. 곱게 단풍이 물든 나뭇잎이 물에 반사되어 빛나는 그림자를
만들어냈다. 전시 관람과 차 한잔까지 마치고 걸어 나가면 자연스럽게 본관 뒤쪽
스톤가든으로 연결된다. 안도 타다오가 한국의 아름다운 선에서 영감을 얻어
제작한 아홉 개의 스톤마운드와 해외 작가들의 조각 작품들을 감상할 수 있다.
스톤가든을 따라가면 마지막 감상거리인 제임스 터렐관이 모습을 드러낸다.
라이팅 아트의 거장 제임스 터렐의 작품인 스카이 스페이스, 호라이즌, 간츠펠트,
웨지워크는 직접 봐야만 '이런 게 빛의 예술이구나' 하고 깨닫게 된다. 상상 너머의
공간까지 느끼게 해주는 그의 작품을 보면서 명상의 시간으로 빠져드는 듯했다.
제임스 터렐관까지 보면 티켓 가격이 제법 나가는 편이지만, 기본 입장권만
구입해서라도 일상을 살아가면서 곤두섰던 신경은 누그러뜨려 주고, 침체됐던
마음은 설레게 해주는 이곳을 종종 찾아오고 싶다.

손으로 돌돌 말아주는 말이고기는 꿀맛!
산정집

주소 강원도 원주시 천사로 203-15
전화번호 033-742-8556
영업시간 월~토 점심 12:00~14:00,
저녁 18:00~21:00 (일요일 휴무)

원주 중앙시장 부근 보건소 뒤편에 특이한 고깃집이 있다. 1967년부터 대를 이어
운영 중인 '산정집'이다. 자주 가는 고깃집 사장님이 원주에 가면 '말이고기'를
꼭 먹어보라고 했을 때는 "말고기인가?" 하고 궁금해했다가 잠시 잊고 있었는데
원주로 향하는 차 안에서 불현듯 생각이 났다.

좁은 골목길 안에서 오래된 주택을 개조한 모습의 가게를 겨우 찾았다. 방 안에
들어가 메뉴판을 보니 무척 단출하다. 말이고기와 내장볶음, 단 두 가지 메뉴로 몇
십 년째 사랑받는 곳이라니 더욱 신뢰가 간다.

말이고기를 주문하면 무쇠 솥뚜껑 위에 기름을 두르고 돌돌 말린 고기를 예쁘게
올려준다. 기름기는 적지만 부드러운 한우 우둔살에 깻잎, 쪽파, 미나리를 넣고
말아준 것이 바로 말이고기다. 고기를 구우며 안쪽으로 수분이 들어가 촉촉하고,

야채를 함께 먹으니 소고기의 느끼함도 전혀 없다. 수작업으로밖에 할 수 없어
재료 준비시간이 오래 걸리는 바람에 아직도 영업시간이 짧다고 한다.

고기를 다 먹었으면 된장찌개를 시킬 차례다. 고기를 구웠던 솥뚜껑에 된장찌개를
붓고 밥을 볶아 먹는 것이 사장님이 권하는 맛있게 먹는 법이다. 말이고기를 몇
점 남겨서 된장찌개에 살짝 넣었다가 빼 샤부샤부처럼 먹는 것도 별미다. 우리는
별 다른 대화도 없이 흡입하듯 고기와 찌개를 싹싹 비웠다. '기운 내는 하루'라는
취지에 이보다 더 잘 어울리는 코스가 있을까? 어떤 보양식보다도 든든한 한
끼였다. 당장 원주까지 가기 어렵다면 서울 광화문에 사장님 부부의 아들이
운영하는 분점이 있으니 가보시길 바란다.

여기도
좋아요

♦ **라뜰리에 김가**

🏠 ADD 강원도 원주시 행구로 314
Cafe TEL 033-735-5677
OPEN 매일 10:00~23:00

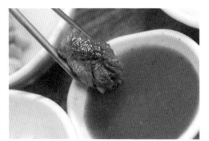

21

당신과 함께 보내는 촉촉한 시간

알렉스더커피

+

농촌테마파크

경기도 용인

아침에 일어났는데 손발이 찼다. 올해 들어 처음으로 '패딩을 꺼내 입을까'
생각할 정도로 쌀쌀한 날씨였다. '시간이 이렇게 잘 가는구나' 싶어 창밖에
내리는 비를 바라보고 있으니 마음이 말랑말랑해진다. 오늘은 이런 무드에
푹 빠져 있는 것이 좋겠다. 라디오에서 흘러나오는 비에 대한 음악을 들으며
외출 준비를 시작한다. 아껴두었던 소설책을 한 권 챙겨서 창문이 큰 카페에
가야지. 비가 조금 잦아들면 산책이 하고 싶어질 테니 젖어도 되는 신발을
신고, 추울 때를 대비해 따뜻한 무릎담요도 하나 챙겨야겠다.

유리온실 속에서 커피 마시기
알렉스더커피

주소 경기도 용인시 처인구 백암면 삼백로835번길 12
전화번호 031-339-7714
영업시간 10:00~21:00 (매월 첫 월요일 휴무)

어릴 때는 용인이 굉장히 먼 곳이라고 생각했다. '1년에 한두 번 큰맘 먹고
놀러가는 테마파크가 있는 도시'라는 인식 때문이었다. 하지만 어른이 되면서
서울에서 가까우면서도 전원을 즐길 수 있는 곳이라는 것을 알게 됐고, 점점 다른
추억들이 생겨났다. 캠핑장 근처로 오리구이를 먹으러 갔고, 어떤 날은 계곡물에
발을 담그러 가기도 했다.

그중에서도 내가 '용인에서 가장 보석같은 곳'이라고 생각하는 장소는 카페
'알렉스더커피'의 본점이다. 3년 전 이곳에 처음 방문했을 때 받았던 신선한
충격을 아직도 잊지 못한다. 도착하기 전까지 내비게이션을 몇 번이나 의심해
가면서 시골길을 달리다 보면 논밭 한가운데 두둥실 하고 떠 있는 유리온실을
발견하게 된다. 그곳이 바로 주변 풍경과 어우러질 수 있게 비닐하우스 콘셉트로
디자인했다는 알렉스더커피다. 실제로 주변에는 트랙터나 각종 농기구들과 함께
비닐하우스가 보인다.

그러나 카페 내부로 들어가면 비닐하우스라고 하기엔 너무나 세련되고 멋져
감탄이 절로 나온다. 높은 천장까지 모두 투명한 공간 안에 감각적인 조명 불빛과
햇살이 함께 들고, 나무 테이블을 사이에 두고 두런두런 대화 나누는 사람들
사이로 갓 내린 커피 향기가 퍼진다. 벽면이 대부분 유리창으로 되어 있다 보니
이곳을 찾는 손님들은 자주 이렇게 말한다. "비 오는 날 여기 와서 비 구경 하면
되게 좋겠다." 실제로 내가 이 말을 뱉은 지 몇 분 안 되어 옆 테이블에서 같은
말을 하는 것을 들었었고, 비가 내리는 오늘, 기회를 놓치지 않고 알렉스더커피를
찾아왔다.

화이트 라마르조코 커피머신으로 에스프레소를 추출하는 바리스타의 모습을 흘깃거리며 콜드브루 한 잔과 카페라떼 한 잔을 주문한다. 주문대 옆쪽에 마련된 블랙프레임 선반에는 이곳에서 직접 수입하고 로스팅한 원두, 콜드브루, 커피도구 등을 구입할 수 있다. 예나 지금이나 나는 이곳에서 카페라떼를 마시는데, Latte 5(Milk 5oz)나 Latte 8(Milk 8oz)로 구분되어 있어 원하는 우유 양을 선택할 수 있는 점이 마음에 든다. 우유를 조금 적게 넣고 진하게 마시는 것을 좋아하므로 나의 선택은 Latte 5다.

조금 출출해서 찰리초코라는 디저트도 함께 시켰다. 브라우니 위에 마시멜로가 콕 박혀 있고, 바닐라 아이스크림 한 스쿱이 곁들여진다. 이렇게 달콤한 디저트와 잘 어울리는 콜드브루 커피는 분쇄된 원두를 정수된 찬물에 장시간 냉침하여 추출한 커피인데, 에스프레소처럼 뜨거운 물로 추출한 커피와는 또 다른 매력을 느낄 수 있다.

창밖에는 계속해서 비가 내리고, 책을 읽다가 비 내리는 논두렁을 바라보다가 다시 책 읽기를 반복하며 시간을 보냈다. 용인 안에서도 외진 곳이라 쉽게 찾아지지는 않지만 덕분에 멀리 떨어진 듯한 기분도 낼 수 있는 장소다.

밀이's 추천 메뉴	
Latte5	5,500원
콜드브루 아이스커피	8,000원
찰리초코	7,000원

⊕4

시골 친척집에 놀러 가는 기분으로

농촌테마파크

주소 경기도 용인시 처인구 원삼면 농촌파크로 80
전화번호 031-324-4053
이용시간 3~10월 09:30~17:30, 11~2월 09:30~16:30
(종료 30분 전 입장 마감, 월요일/1월 1일/명절 당일 휴무)
이용요금 성인 3,000원, 청소년 2,000원, 어린이 1,000원

알렉스더커피를 나와 한적한 마을길을 10분가량 달렸다. 추수가 끝난 논밭
사잇길과 철 지난 연잎이 떠 있는 저수지와 줄 지어 늘어선 원두막을 지나며 정말
시골 할머니댁에 놀러 가는 듯한 향수를 느꼈다. 용인 '농촌테마파크'는 정겨운
이름만큼이나 전원적인 체험이 가능한 곳이다. 철마다 다른 옷으로 갈아입는
들꽃광장, 특산물 판매 등 행사가 열리는 잔디광장, 다리를 쉬어갈 수 있는
원두막, 아이들이 좋아할 만한 관상동물원과 곤충전시관, 잣나무 산책로와 아치
동굴 등 도시인들이 자연을 만끽할 수 있는 다양한 시설이 마련되어 있다.
매표소에서 입장권을 끊고 낙엽이 떨어진 언덕길을 올라갔다. 야외 예식이
올려지기도 한다는 잔디광장을 지나면 인공폭포와 분수대가 나타난다. 산자락에
자리하고 있어 자연스레 언덕을 오르락내리락하며 풍경을 구경하게 된다.

여기도
좋아요

♦ 여시관 카페 겸 레스토랑
ADD 경기도 용인시 기흥구 마북로247번길 28 백성농장 내 여시관
TEL 031-286-2288
OPEN 매일 10:00~22:00

♦ 사암오리구이
ADD 경기도 용인시 처인구 원삼면 원양로 250-4
TEL 031-332-8261
OPEN 매일 12:00~20:00 (명절 당일 휴무)

깨끗하게 관리된 원두막을 발견하곤 그곳에 앉아보고 싶었지만 비가 내리는
날이라 참아야 했다. 소풍철에는 세법 붐비기도 한다는데, 쌀쌀한 날씨에
비가 와서인지 인적이 드물 정도로 한적한 공원 안을 우산 쓰고 누비는 경험이
색달랐다.

바람개비가 돌아가는 꽃과 바람의 정원, 갈대가 채우고 있는 들꽃정원, 높게 솟아
있는 솟대들, 마을이 내려다보이는 전망대까지. 전원생활의 쾌적함과 여유로움을
온몸으로 느껴본다. 특히 물레방아가 돌아가는 연못을 보고 있으니 정말 어릴 때
엄마아빠 손잡고 놀러 다니던 생각이 난다. 화창한 날 다시 온다면 김밥과 과일
도시락을 싸와 벤치나 원두막에서 까먹고 법륜사와 문수봉 약수터로 이어지는
산책로까지 걸어볼 생각이다.

22

단짝친구와 데이트하는 날

오롤리데이

+

프루스트

서울
원남동

서울
익선동

서울의 매력을 가장 적나라하게 보여주는 동네는 역시 종로다. 어린 시절을
종로에서 보낸 사람이 아니더라도 이곳에 오면 가슴속 어딘가에 묻혀 있던
향수 같은 것이 스멀스멀 올라온다. 나 또한 현대적인 시설이나 트렌디한 문화
체험을 좋아하면서도 가끔은 서울의 오래된 동네를 굳이 찾아다니곤 한다.
아련하고 그리운 것들을 만났을 때의 반가움과 편안함 때문이다. 그 시작은
갑작스레 자유가 주어졌던 대학시절부터였다. 골목골목을 누비는 즐거움도
그때 알았다. 지금은 그마저도 시간이 꽤 흘렀고, 그 시간의 대부분을 함께한
단짝친구를 오랜만에 만나던 날, 우리는 종로로 향했다.

핑크빛 옥상에서 오래된 돌담을 내려다보며
오롤리데이

주소 서울시 종로구 동순라길 108
전화번호 070-8885-1011
영업시간 매일 12:00~22:00
(매달 23일부터 말일까지 휴무)

종로에서 추천하고 싶은 산책 루트는 의외로 혜화에서 시작한다. 먼저 성균관대입구사거리에서 창경궁을 향해 걷는다. 돌담길을 따라 걷다 보면 창경궁과 정원이 담 너머로 보인다. 입장권을 끊고 들어가 고궁 나들이를 즐기는 것도 물론 좋다. 나의 경우에는 그대로 걷다가 원남동사거리가 나오면 우측으로 꺾는다. 창경궁 담벼락은 어느새 높아지고, 그 길은 창덕궁 입구까지 연결된다. 그렇게 계속 가면 우측으로는 삼청동과 계동이, 좌측에는 인사동이 나타난다. 기분에 따라 북촌한옥마을로 올라갈 수도 있고, 좀 더 걸어 광화문 교보문고에 가서 책을 읽을 수도 있다.

이날 친구와 내가 선택한 코스는 원남동사거리에서 길을 건너 종묘 담벼락 쪽으로
걷는 길이었다. '오롤리데이'라는 숍앤카페에 가기 위해서다. SNS 좀 열심히 하는
사람이라면 누구나 한때 타임라인을 장악했던 핑크빛 옥상을 기억할지도 모른다.
우리가 오랜 산책길을 약간 벗어나 찾은 곳이 바로 그 핑크빛 옥상의 주인공이다.
처음 오롤리데이를 발견하고는 입지에 감탄했던 기억이 난다. 도심 한가운데지만
번잡스러운 곳과는 떨어져 있고, 무엇보다 종묘 바로 옆이라 창문으로 정겨운
돌담과 나무가 보인다. 카페로 유명한 곳이지만 문구를 디자인하고 만드는 박신후
대표의 작업실이기도 하다는 말에 부러움 섞인 감탄이 절로 나온다. 그 누구라도
꿈꾸는 작업실인 것 같아서. 1층 입구로 들어서면 오롤리데이의 디자인 문구들이
진열된 쇼룸이 있다. 다이어리와 휴대폰케이스, 파우치 등 이곳의 분위기와
찰떡같이 잘 어울리는 심플함이 묻어난다. 박 대표의 어머님이 직접 짠 니트로
만든 에코백이나 티코스터처럼 시기가 잘 맞아야만 구매할 수 있는 상품도 있다.

쇼룸을 구경한 뒤 오른쪽에 있는 바에서 음료를 주문한다. 오늘은 커피 대신 여기서만 마실 수 있는 것을 마시자며 메뉴판을 들여다보다가 라오스에서 사온 유기농 히비스커스티에 수제 레몬청을 더한 히비스커스레몬에이드와 코코넛칩과 코코넛밀크로 만든 코코넛밀크셰이크를 선택했다.

음료를 가지고 2층에 마련된 테이블들을 지나 옥상으로 향한다. 사진으로만 보았던 핑크빛 옥상! 바닥과 벽면을 고운 빛깔로 페인트칠 했을 뿐인데 이국적이고 특별한 느낌이 듬뿍 난다. 파라솔과 야자수, 널찍한 소파, 깜찍하게 달린 알전구들이 낭만을 더해 휴양지 리조트에 온 것 같기도 하다. 여행 분위기에 취해 있다가 문득 아래를 내려다보면 종묘의 돌담과 소박한 골목길이 보이면서 묘한 기분에 사로잡힌다. 그 언밸런스함이 마음에 들어서 친구와 나는 한참 수다를 떨다가도 한 번씩 주위를 두리번거리는 시간을 보냈다.

밀이's 추천 메뉴	
히비스커스레몬에이드	6,500원
코코넛밀크셰이크	6,500원

향기로 남기는 포근한 기억
프루스트

친구에게 종묘를 지나 종로3가역 쪽으로 내려가자고 했다. 삼청동이나 북촌으로
올라갈 줄 알았던 친구는 낙원상가 뒷동네에 가자고 하니 의아한 표정을 지었다.
"분명 너도 좋아할 거야"라는 확신에 찬 말을 하며 도착한 곳은 바로 익선동이었다.
이 오래된 한옥마을은 1920년 일제 강점기 시절에 조성되었고 서민이 살던 동네라
익히 알고 있는 한옥마을들에 비하면 집 크기가 작고 소박하다. 십여 년간 재개발
때를 기다리며 방치되어 있다가 2014년에 재개발이 아닌 한옥 보존이 결정되면서
변화의 바람이 불어왔다. 특유의 분위기를 유지하면서도 옛것과 새것의 조화를
꿈꾸는 손길이 닿기 시작한 것이다. 익동다방을 시작으로 카페, 갤러리, 공방처럼

요즘 감성이 녹아든 가게들이 생겨나 언제 찾아도 매력적인 동네로 탈바꿈했다. 낡은 한옥들 사이로 오늘의 목적지인 '프루스트'의 입간판이 보인다.

향기체험숍이자 홍차카페인 이곳은 인테리어부터 눈길을 끈다. 담벼락과 기와에서는 세월의 흔적이 묻어나고, 그 밖에 벽면이나 창문, 진열대 등은 모두 화이트와 골드로 통일되어 있어 한옥집의 틀이 더욱 도드라진다. 가게 이름인 프루스트는 홍차와 마들렌의 향기가 과거의 기억을 떠올리게 하며 이야기가 시작되는 소설 『잃어버린 시간을 찾아서』의 작가 마르셀 프루스트의 이름에서 따왔다.

가게에 들어서자 따뜻하고 부드러운 향기가 난다. 공간의 절반은 향기공방 겸 쇼룸, 나머지 절반은 카페로 사용되고 있다. 쇼룸에서는 프루스트에서 제작한 향수, 디퓨저, 캔들을 판매한다. 특이한 것은 원데이클래스를 신청하면 조향사와

주소 서울시 종로구 수표로28길 17-26
전화번호 02-742-3552
영업시간 평일 11:00~22:00, 일요일 14:00~22:00
원데이 클래스 가격 50,000원

함께 나만의 향수를 만들어볼 수 있다는 점이다. 맑고 순수한 향, 투명하고 시원한 향 등 준비되어 있는 일곱 가지 베이스 중 하나를 고르고 원하는 이미지를 설명하면 조향사가 그와 어울리는 향료를 추천해준다. 이때 결정한 향료 이름과 비율이 적힌 종이를 간직하면 다음번에도 나만의 향수를 다시 제작할 수 있다. 향기공방답게 카페 메뉴들도 향긋한 음료가 준비되어 있다. 홍차를 진하게 우려 만든 밀크티와 장미 에센스를 블렌딩한 티, 그리고 홍차와 가장 잘 어울리는 마들렌까지. 이미 음료를 마신 뒤라 밀크티만 한 잔 시켜 맛보았는데 진한 홍차와 우유를 적절한 비율로 섞고 천연 아가베 시럽을 넣어 풍미가 훌륭했다. 백여 년의 세월을 간직한 익선동 골목에서, 잃어버린 시간들이 차례로 스쳐 지나는 이 공간의 향기를 오래오래 기억하고 싶었다.

여기도
좋아요

◆ 창경궁 대온실
View
ADD 서울시 종로구 창경궁로 185 창경궁
TEL 02-762-9515

◆ 열두달
Food
ADD 서울시 종로구 수표로28길 17-6
TEL 070-4449-8225
OPEN 평일 11:00~23:00, 주말 12:00~23:00

PART
04

겨울

23

마음껏 드라이브하고 싶은 날

사천진해변

+

쉘리스커피

"기분 전환을 위해 자동차를 타고 다니는 일"이라는 뜻의 '드라이브'라는 단어를
좋아한다. 시간을 내키는 대로 아무렇게나 써도 될 것 같은 느낌을 주기 때문이다.
끝나지 않는 직선도로를 가슴이 확 뚫리도록 달리는 것도 좋고, 구불구불 시골길을
달리며 풍경을 감상하는 일도 좋다. 가끔은 그렇게 달리고 달려 집에서 멀리 떨어진
곳에 도착해서야 얻어지는 안정감도 있다. 토요일에 일이 생기는 바람에 1박2일
여행을 취소하게 된 주말, 남은 하루라도 즐겁게 보내자며 드라이브도 할 겸 당일치기
강릉여행을 시작했다.

파아란 바닷물이 밀려오던 백사장을 걷다
사천진해변

번잡한 여름바다보다 조금 쓸쓸한 겨울바다의 매력에 담뿍 빠져들고 싶은
당신에게, 사천진해변을 권한다. 사천진해수욕장이라고도 불리는 이곳은 규모가
크지는 않지만 우리나라에서 보기 드물게 에메랄드빛 푸른색의 바닷물과 백사장이
펼쳐져 있고, 휴가철에도 비교적 조용하고 깨끗한 분위기를 유지한다. 이곳의
상징은 해안가 가까이에 둥둥 떠 있는 바위섬으로, 귀여운 사이즈의 아치형
돌다리가 모래사장과 바위섬을 연결한다.
몇 년 전, 예쁜 카페를 찾아가다가 우연히 한적한 바다가 보여 들러본 것이 바로
사천진해변이었다. 그 이후로도 강릉 쪽에 올 일이 있으면 꼭 이곳을 찾았는데,
카페와 음식점이 늘어나기는 했지만 방문객이 몰려 원래의 분위기를 잃어버린
관광명소들에 비하면 예전 모습을 그대로 간직하고 있다.

이렇게 본격적인 겨울에 방문한 건 처음이었다. 차가운 공기 때문인지 하늘과 바다가 시릴 정도로 새파랗게 빛났다. 강한 바람이 불자 파도가 철썩거리더니 발밑까지 밀려와 하얀 거품이 되어 사라진다. 물에 빠지면 당장 감기에 걸릴 날씨였지만 바다에 왔으면 발이라도 담가봐야 한다며 애꿎은 신발 끄트머리를 아슬아슬 파도가 멈추는 지점에 가져다 댄다. 유난히 고운 모래 위로 드리워진 우리의 그림자를 찍어보기도 하고, 모래사장에 선명한 발자국을 만들며 온전히 겨울바다를 즐겼다.

만약 바다를 구경하다 배가 고파진다면 근처 사천진항에서 싱싱한 횟감을 구입하거나 사천항물회마을에서 물회 한 그릇 호로록 먹어보자. 더 걷고 싶으면 사천진방파제까지 걸어보는 것도 좋고, 사천요트장에서 이국적인 풍경을 슬쩍 구경할 수도 있다. 조금 더 남쪽으로 내려가면 소나무숲에 둘러싸인, 비슷한 이름의 사천해변도 구경할 만하다.

주소 강원도 강릉시 사천면 사천진리 266-2
전화번호 033-640-4414

드립커피와 산딸기티라미수
쉘리스커피

주소 강원도 강릉시 사천면 진리해변길 95
전화번호 033-644-2355
영업시간 매일 10:00~24:00

언젠가부터 '강릉'을 여행하는 일은 '커피'와 떼려야 뗄 수 없는 관계가 되었다.
그중에서도 강릉 카페거리라고 하면 안목해변을 떠올리지만, 사천진해변에서
시작해서 하평해변까지 해안가를 따라 띄엄띄엄 이어지는 사천진 카페거리에도
분위기 좋은 카페가 많다.

사천진해변과 바로 마주하고 있는 로스터리 카페 '쉘리스커피'는 멀리서 봐도 한
눈에 들어오는 외관을 가지고 있다. 민트색 테라스와 빨간색 문, 초록색 창틀의
조화가 어우러진 2층 벽돌집. 내부로 들어서면 오래된 목조 가옥처럼 내추럴한
분위기라 마치 남부 유럽의 시골마을 가정집에 찾아온 것 같다. 대개 깔끔하고

똑떨어지는 북유럽풍 인테리어를 좋아하지만, 가끔은 이렇게 빈티지하고 아기자기하게 장식된 것도 정겹고 따뜻하다.

한쪽에 놓인 벽난로에서 장작이 타닥타닥 타고 있다. 그 주위로 놓인 앤틱한 가구들과 귀여운 소품들을 바라보고 있으니 바다에서 시간을 보내느라 차가워졌던 몸이 스르르 녹는 느낌이다. 로스터리 카페답게 키친에서는 진한 원두향도 피어오른다.

푸른 바다가 잘 보이는 2층 창가 자리에 앉았다. 맛없는 커피가 나와도 모두 용서될 것 같은 뷰다. 다양한 원두 중에서 이곳의 시그니처 메뉴라는 케냐aa 드립커피와 화이트초콜릿티라미수를 주문했다. 예쁜 찻잔에 담긴 핸드드립 커피는 향긋했고, 마스카포네치즈와 화이트초콜릿이 들어간 티라미수는 상큼한 라즈베리까지 곁들여져 눈길을 사로잡는 비주얼만큼 맛도 좋았다. 쉘리스커피에서는 치즈케이크, 갸토쇼콜라, 마카오식 에그타르트 등 매일 아침 소량만 만드는 다양한 디저트도 맛볼 수 있다.

>──┤ 밀이's 추천 메뉴 ├──	
케냐aa 드립커피	7,000원
화이트초콜릿티라미수	13,000원

여기도 좋아요

♦ **장안횟집**

Food

ADD 강원도 강릉시 사천면 진리항구길 51

TEL 033-644-1136

OPEN 화~일 09:00~20:00 (월요일 휴무)

♦ **테라로사 사천점**

Cafe

ADD 강원도 강릉시 사천면 순포안길 6

TEL 033-643-7979

OPEN 매일 10:00~22:00

♦ **버드나무 브루어리** 레스토랑 겸 바

Food

ADD 강원도 강릉시 경강로 1961

TEL 033-920-9380

OPEN 매일 11:00~01:00

24

사라지지 않았으면 하는 것들

커피가게 동경

+

망원시장

◇ 서울
망원동

원고를 쓰고 있는 지금도 불현듯 엄습해오는 공포가 있다. 우리나라는 '없어짐
공화국'이라는 점. 취재 기간이 길어지면서 우리가 섭외한 장소들에도 많은
변화가 있었다. 다행스럽게도 대부분은 인기를 얻으며 방문객이 늘기 시작하는
현상이었다. 손끝이 시린 겨울의 초입에 요즘 서울에서 가장 핫한 동네라는
망원동을 찾았다. 열기와 관심이 가라앉고 몇 년 뒤에 이 책을 읽게 된 독자가
찾아 가더라도 부디 그대로 있어주기를 바라는 곳들을 소개한다.

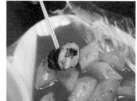

감동의 아인슈페너 한 잔
커피가게 동경

주소 서울시 마포구 망원로6길 21
전화번호 070-4845-0619
영업시간 화~토 13:00~22:00
(영업 종료 한 시간 전 오더 마감, 일/월 휴무)

오래된 빌라가 밀집해 있는 망원동은 평범하고 조용한 주택가였다. 홍대 앞
상권이 커지며 잔뜩 오른 세를 피해 합정과 상수로 옮겨 갔던 사람들이 그마저도
세가 너무 오르자 망원으로 옮겨 간 것이 '망리단길'의 시작이었다. 지금은 개인이
운영하는 감각 있고 매력적인 가게들이 제법 생겨났다. 화제에 오르며 방문하는
사람들이 늘었지만 망원동은 그만의 분위기를 잘 지켜내고 있다. 업종이 워낙
다양해서 상인들끼리도 경쟁보다 유대를 쌓고 있고, 화려한 외관이나 고급스러운
음식보다는 누구나 즐길 수 있는 적당한 가격대와 각자의 개성이 담긴 콘셉트를
무사히 유지하고 있는 것이다.

이런 동네에서도 정말 사람 없을 것 같은 길에 많은 이들이 '인생커피'로 꼽는 카페가 있다. 나 역시 마찬가지라서 '커피가게 동경'에 가기로 한 전날부터 인생커피를 마시러 간다며 설레어 했다. 망원시장 맞은편 길로 걷다가 지하로 연결되는 작고 검은 문을 발견했다면 그곳이 바로 커피가게 동경의 입구다. 카페 안에 들어서면 조금 어두운 조명이 빈티지한 원목 테이블과 의자를 비추는 모습이 클래식한 느낌을 준다. 그 느낌의 원인은 특별한 선곡에도 있는데, 올 때마다 베토벤 피아노 협주곡이나 바흐의 첼로 모음곡 같은 연주가 흘러나오고 있었다. 선반에 가득한 레코드판과 뱅글뱅글 돌아가는 턴테이블의 조화도 이곳의 분위기와 무척 잘 어울린다. 공간의 절반은 로스팅 기계가 차지하고 있어 정말 이곳의 주인공은 커피라는 생각이 들기도 한다.

카운터 안쪽 아담한 키친에서는 사장님이 정성껏 커피를 내리고 있다. 특이한 점이라면 어딜 보아도 커피머신이 없다는 것. 오로지 핸드드립으로만 커피를 내리기 때문이다. 한 바리스타 인터뷰에서 보았던 "커피를 내리는 과정에 손을 많이 쓸수록 맛있는 커피가 완성된다"는 말이 떠오르며 신뢰감이 상승한다. 한편으로는 커피클래스를 다닐 때 열 명쯤 되는 같은 반 사람들이 핸드드립으로 커피를 내리자 제각기 미묘하게 다른 맛이 났던 것이 생각나 이곳의 커피 맛이 점점 더 궁금해졌다.

대표메뉴인 아인슈페너와 아몬드 모카자바를 주문한다. 비엔나커피라고도 불리는
아인슈페너는 드립커피 위에 수제 생크림이 올라간다. 아로마가 풍부하고 쌉쌀한
커피와 달콤한 생크림이 함께 입에 들어오는 그 맛이 모두의 극찬을 이끌어낸다.
아몬드 모카자바는 아이스로 시켰는데 얼음이 들어 있지 않아 의아했다. 알고 보니
얼음이 녹아 싱거워지는 것을 방지하기 위해 중탕과 같은 방식으로 커피를 식히고,
미리 얼려둔 잔에 따라준다고 한다. 드립커피 위에 크림을 올리고, 직접 만든
아몬드 시럽을 넣어 만든다. 한 모금 마시면 쫀쫀하다 못해 쫀득한 크림의 식감과
아몬드 향이 느껴져 환상의 커피라는 말이 절로 나온다.
"이곳 커피가 유난히 맛있는 비결이 무엇이냐"고 사장님께 여쭤보자 "특별한 건
없다"며 빙긋 웃으신다. 짐작컨대 한 잔의 커피를 만들기 위한 정성이 늘 몸에 배어
있어 그 노력을 특별하다고 생각하지 못하시는 게 아닐까? 한 잔 한 잔 마음을 담아
내리다 보니 커피를 주문하면 다른 곳보다 시간이 조금 더 걸리는 것도 사실이다.
그러니 이곳에서는 여유로운 마음으로 기다려 주시길. 드립커피와 턴테이블의
서로 닮은 아날로그 감성을 느끼면서.

밀이's 추천 메뉴

아인슈페너	5,000원
아몬드 모카자바	5,000원

우리가 시장에 갈 때 상상하는 모든 것
망원시장

주소 서울시 마포구 포은로8길 14
전화번호 02-335-3591
홈페이지 www.facebook.com/mangwonmarket

'망원시장'은 '핫플레이스'다. 재래시장을 수식하는 단어로는 어울리지 않는다고
생각할지 모르지만 정말 그렇다. 대학생 커플의 필수 데이트코스로도 오르내릴
만큼 방문객이 늘어난 이곳은 망원동 상승세에 지대한 영향을 미쳤다. 처음에는
예능프로그램과 다큐멘터리에 자주 등장하면서 연예인 누군가의 단골집 등이
화제를 모았다. 하지만 인기를 지속하는 데는 지자체의 지원뿐 아니라 주민들과
새로 유입된 젊은이들의 노력이라는 원동력이 있었다.
망원시장은 그야말로 시장계의 팔방미인 같은 곳이다. 우선 깨끗하다. 새로
바닥을 정비했고, 오래된 시장임에도 불쾌한 냄새가 나지 않는다. 지붕이 있는
아케이드라 날씨가 궂어도 장보는 데는 상관이 없다. 시장의 가장 기본조건이라고
할 수 있는 '먹거리'가 풍부하다. 과일, 야채, 고기 등 질 좋은 식재료를 저렴하게
구입할 수 있는 것은 물론이고, 고로케, 어묵, 닭강정, 칼국수, 부침개, 족발,
떡볶이 등 다양한 음식들을 착한 가격에 만날 수 있다. 주민들이 마음껏 장을 볼 수
있도록 대형마트처럼 배송서비스도 운영하고 있다.

다른 전통시장과 가장 크게 다른 점은 자발적으로 모여든 젊은 예술가들이 이 시장의 재생 프로젝트에 앞장섰다는 것이다. 인디 뮤지션의 공연과 영화 상영, 장 담그기와 요리쇼, 어르신을 위한 음식 나눔 등 상인들과 함께 호흡하며 다양한 이벤트로 방문객이 참여할 수 있는 콘텐츠를 만들어내고 있다. 자취생이나 신혼부부가 많이 사는 동네 특성을 살려 1인 식생활 키트 판매나 혼밥경연처럼 1,2인 가구를 위한 프로젝트도 진행된다.

그들이 만든 망원시장을 소개하는 감각적인 모션그래픽을 틀어보며 망원시장에 도착했다. 바로 옆에 저렴한 가격의 공영주차장이 있어 주차 문제도 쉽게 해결됐다. 소문대로 장을 보러 나온 동네 주민들과 맛집을 찾아온 관광객들이 뒤섞여 있었고 방송에 많이 등장한 가게들에는 대기줄까지 보인다.

칼국수 한 그릇에 3,000원, 닭곰탕은 3,900원, 수제 고로케가 개당 500원……. 도심 한복판인데도 보기 드문 가격이 붙어 있다. 이쯤 되면 식탐이 발동하지 않을 수 없다. 고민하다 분식집에 들어가 떡볶이, 김밥, 어묵, 각종 튀김을 주문했다. 다진 고기와 야채를 넣은 소가 듬뿍 들어간 고추튀김을 한 입 베어 물고는 행복해졌다.

오늘의 이벤트는 플리마켓. 상인회 건물에서 젊은 셀러들이 옷, 소품, 문구, 책 등을 판매 중이었다. 이처럼 특별한 행사들은 망원시장 페이스북에 공지하고 있으니 미리 체크하면 더 재밌는 경험을 할 수 있다. 플리마켓을 구경한 뒤 다시 시장을 한 바퀴 돌며 집에 포장해갈 음식들을 구입했다. 인심 좋은 상인들의 미소와 여기저기서 풍기는 맛있는 냄새가 그리울 때 찾기 좋은 곳이다.

밀이's 추천 메뉴	
홍두깨 손칼국수	3,000원
맛있는집 떡볶이	2,500원
튀김 5개	2,500원
야채김밥	2,000원

여기도
좋아요

♦ **카페부부**
Cafe
ADD 서울시 마포구 월드컵로15길 27
TEL 070-4257-8080
OPEN 매일 11:00~23:00

♦ **미완성식탁**
Food
ADD 서울시 마포구 망원로6길 37
TEL 02-6406-2713
OPEN 평일 14:00~24:00,
토요일 15:00~24:00 (일요일 휴무)

25

소풍가듯 가볍게 떠나는 중국여행

차이나타운

+

정통중화요리 담

인생에서 특별한 날 짜장면 한 그릇 특식으로 먹고 좋아하던 세대는 아니지만,
중국음식에는 누구나의 낭만과 향수가 담겨 있다. 짐을 다 옮기고 짜장면을 시켜먹던
이삿날, 선배가 사주는 짬뽕과 함께 처음으로 소주 마시던 날처럼 추억을 떠올리게 하는
힘이 있는 것이다. 유명 셰프 등의 영향으로 고급요리 이미지 또한 더해졌지만 그보다는
조금 특색 있는 중국요리를 접하며 중국여행을 떠난 듯한 기분을 즐기기 위해 '작은
중국'이라 불리는 붉은색 거리, 인천 차이나타운으로 떠났다.

상하이 예원 뒷골목에 온 것처럼
차이나타운

주소 인천시 중구 차이나타운로59번길 12
전화번호 032-760-7537

커다란 중국식 대문을 지나 골목으로 들어서면 중국인들의 행운 컬러인
붉은색으로 화려하게 치장한 거리가 나온다. 백 년도 넘게 화교들의 문화와 풍습을
간직해온 '차이나타운'이다. 현대화된 보통 중국거리보다는 상하이 예원 근처
거리처럼 옛 모습을 유지하고 있고 대부분 상점들이라 서울 인사동의 중국 버전
같기도 하다.

추위 속에서 체온 유지를 위해 끊임없이 에너지를 쓰기 때문일까? 겨울에는 유독
호호 불어먹는 어묵, 붕어빵, 군고구마, 꿀호떡 같은 길거리 간식들이 당긴다.
차이나타운에 왔으니 이곳에서만 맛볼 수 있는 길거리 간식들을 공략하기로 했다.
공갈빵, 월병, 홍두병, 쩐주나이차 등 선택지는 다양했다.

사람들이 제일 많이 몰려 있는 화덕만두집 '십리향'을 기웃거렸다. 이곳에서 만드는
옹기병은 고기나 고구마 소를 만두피에 넣고 성인 남자 허리만큼 오는 커다란 화덕
항아리 안에 붙여 10여 분간 구워낸 중국 전통 화덕만두다. 고기, 고구마, 단호박,
팥 중 고민하다가 베스트 메뉴라는 고기를 골랐다. 만두피는 바삭하고 다진 고기가

들어간 속 재료는 풍미가 가득하다.

화덕만두를 하나씩 해치우자마자 양꼬치가 눈에 들어온다. 여느 길거리에서는
흔치 않은 음식인데 한 꼬치당 1,000원이라는 저렴한 가격에 판매 중이었다.
대만으로 여행가면 꼭 먹어보고 싶었던 펑리수와 중국 팥빵 같은 월병도 구입했다.
차이나타운에는 짜장면이 탄생한 공화춘, 청나라 영사관이었다가 학교로 쓰이는
화교 중산학교 등 역사적인 장소들도 있다. 중산학교 담벼락에는 관광객들을
위해 삼국지 이야기를 풀어낸 벽화가 그려져 있기도 하다. 중국 느낌이 물씬 나는
거리를 구경하며 걷다 보면 인천 중구청으로 향하는 길목부터 일본풍 건물들이
나타난다. 예부터 바다와 맞닿아 있는 입지 탓에 다른 나라들이 드나드는 창구
역할을 해온 도시답다. 옛 일본 영사관이었던 인천 중구청 건물 앞에는 짙은
나무색의 목조 건물들이 길게 늘어서 1920년대 인천의 모습을 재현하고 있다.
일본 거리를 걷는 것 같아 새로우면서도 아픈 역사가 떠올라 씁쓸해진다.
이 밖에도 차이나타운 인근에는 복합문화공간인 인천아트플랫폼, 국내외 동화
주인공들을 만날 수 있는 동화마을, 친숙한 문학작품의 흔적을 접할 수 있는
근대문학관 등 다양한 문화체험을 할 수 있는 장소들이 관광객을 기다리고 있다.

🍽️
추운 겨울에 먹는 짜장면 한 그릇
전통중화요리 담

주소 인천시 중구 차이나타운로44번길 26
전화번호 032-765-8388
영업시간 매일 11:00~21:30

차이나타운에는 맛있는 중식집이 아주아주 많다. 제각기 'TV프로그램 출연',
'원조 맛집' 등 현수막을 화려하게 붙여놓아 어딜 골라야 할지 고민이 될 정도다.
「수요미식회」 짜장면 편에 등장했던 '신승반점', 하얀 짜장면으로 유명한 '연경',
플라자호텔 출신 셰프가 있는 '신', 해산물 듬뿍 들어간 짬뽕이 맛있는 '만다복'까지
집집마다 긴 대기줄을 자랑한다.

어딜 들어갈까 고민하다가 '전통중화요리 담'을 발견했다. 공영주차장과 가까운
곳에 위치해 있는데, 동네 어르신들이 들어가는 것을 보고 냉큼 따라들어 가게
된 것이다. 내부는 오래되었으나 깔끔했고, 대기자가 없었을 뿐이지 테이블마다
손님들이 그득했다.

알고 보니 이곳은 차이나타운에서 왕공갈빵으로 유명한 '중국제과 담'에서
운영하는 중식당이었다. 단골 대부분이 인천 사람이라는 말을 들으니 믿음이
간다. 저렴한 가격의 기본 짜장면과 특짬뽕, 찹쌀 탕수육을 주문했다. 옛날에
먹던 맛 그대로인 짜장면과 낙지 한 마리가 통째로 올라간 짬뽕도 맛있었지만 찹쌀
탕수육은 정말 최고였다. 바삭하면서도 쫀득한 식감에 반해버린 나는 이후로 다른
집 탕수육을 먹게 될 때마다 담의 탕수육을 슬며시 떠올리곤 한다.

밀이's 추천 메뉴	
짜장면	4,000원
특짬뽕	10,000원
찹쌀탕수육 小	18,000원

여기도
좋아요

♦ 신승반점
ADD 인천시 중구 차이나타운로44번길 31-3
TEL 032-762-9467
OPEN 매일 11:00~21:00
(둘째 · 넷째 수요일/명절 휴무)

♦ 카페 팟알(POT-R)
ADD 인천시 중구 신포로 27번지 96-2
TEL 032-777-8686
OPEN 화~일 11:00~22:00 (월요일 휴무)

26

맛있는 음식 먹고 조금 걸을까?

아브뉴프랑

+

광교 호수공원

놀러가기 전에 여기저기 위치를 검색하거나 어디로 갈지 고민하는 것 자체를
좋아하고 즐기는 편이지만, 이런 나조차도 만사 귀찮은 날이 있다. 심지어
날씨까지 추울 때는 모든 것을 한 번에 해결할 수 있는 복합 쇼핑몰이 딱이다.
만약 밥 먹고 차까지 마셨는데 조금 허전하다면? 근처에 있는 걸 만한 곳을
찾아 나서자. 우리는 본점에서는 줄이 길어 못 먹었던 맛집에서 식사하고
커다란 호숫가를 거닐 수 있는, 수원 광교로 떠났다.

홍대, 가로수길, 청담동, 이태원 맛집 총집합

아브뉴프랑

유명 맛집을 모아놓은 셀렉트 다이닝이 대세다. TV나 잡지, 블로그에서 특정 지역의 인기 있는 음식점을 볼 때면 '먹어보고 싶은데, 줄이 길겠지……' 하며 군침만 흘리기 일쑤인데, 셀렉트 다이닝에 갔다가 그 집을 발견하면 그렇게 반가울 수가 없다. 대기하지 않고 먹어보고 싶던 음식을 먹은 뒤 혼자 뿌듯해하곤 한다. 날씨가 조금 풀린 겨울날, 한동안 실내로만 돌아다닌 것이 답답해서 광교신도시를 찾았다. 야외처럼 오픈된 건물 구조로 여러 맛집을 모아놓은 '아브뉴프랑'과 호수공원이 궁금했기 때문이다. 아브뉴프랑의 장점은 위에서 언급한 것처럼 한 곳에서 식사, 디저트, 쇼핑 등 원하는 것을 모두 해결할 수 있다는 점이다. '프랑스

거리'라는 뜻을 가진 이름처럼 친구들과 점심모임 하기 좋은 여유 있는 카페,
가족들과 저녁식사 하기 좋은 풍미 좋은 레스토랑, 때로는 혼자 근사한 시간을
보낼 수 있는 브런치 카페를 갖추고 있다. 집에서 아브뉴프랑 판교점이 가까워
자주 이용했는데, 광교점은 규모가 거의 두 배 가까이 더 크고 입점해 있는 가게도
다양하다. 붉은 벽돌이나 대리석을 써서 꾸민 건물은 보기에도 예쁘고 깨끗해서
산책하듯 쇼핑하는 느낌이 좋았다.
점심 메뉴를 고민하다 한남동에서 맛있게 먹었던 '아날로그 키친'을 선택했다.
한남동 매장보다 넓은 규모에 모던한 인테리어가 쾌적했고, 이곳의 시그니처
메뉴인 통오징어덮밥도 여전히 맛있었다. 그렇다면 디저트는? 홍대에서 줄이 길어
포기했던 '소복'의 아이스크림을 먹었다.

주소 경기도 수원시 영통구 센트럴타운로 85
전화번호 1566-9463
홈페이지 avenuefrance.co.kr/gwanggyo
영업시간 매일 11:00~매장별 폐점시간 상이함

◊◊

호수의 밤은 낮보다 아름답다
광교 호수공원

주소 경기도 수원시 영통구 광교호수로 57
전화번호 070-8800-2460

카페에 앉아서 날이 어두워지기를 기다렸다. 야경이 아름다운 광교 호수공원을
거닐기 위해서였다. 밝은 가로등과 가족, 연인 등 다양한 산책족 덕분에 어느
계절, 어느 시간에나 안심하고 걷기 좋은 곳이다.

이곳은 옛날 원천유원지로 불렸던 원천호수와 신대호수 두 곳을 하나의
호수공원으로 조성했다. 한눈에 보기에도 서울 근교에서 보기 드물게 넓은
규모로, 일산 호수공원의 1.7배라고 한다. 수변산책로, 분수대, 도시락을
먹기 좋은 파라솔 테이블, 자전거와 유아용 전동차 대여소 등 이용객들을 위한
편의시설도 다양하게 마련되어 있다. 여름이 되면 거울못, 물보석분수, 물놀이터
등은 아이들을 위한 즐거운 놀이터가 되고, 곳곳에서 야외 공연도 열린다.
근처에는 호수공원 뷰를 즐길 수 있는 카페도 있다.

수변산책로 쪽으로 걸어 들어가자 원천호수가 한눈에 내려다보인다. 5시 반쯤
도착했는데도 짧은 겨울 해가 뉘엿뉘엿 저 멀리로 넘어가고, 호수 수면에는
불그스름한 노을이 은은하게 그라데이션되듯 번진다. 산책로에 설치된 조명에도
하나둘 불이 들어오고 호수 주변 고층 아파트에서 나오는 불빛이 더해져
야경은 점점 화려해져 갔다. 멀리서 보기에도 반짝반짝 눈길을 사로잡는 '어반
레비(Urban levee)' 쪽으로 걸어본다. 어반 레비는 LED조명이 화사하게 빛을
내는 수변 데크로, 빛의 컬러가 수시로 바뀌면서 더 아름다운 야경을 만들어냈다.
높이가 오르락내리락하는 길을 따라 걸으니 바라보는 호수와의 거리가 달라지는
것도 재밌는 요소다. 조금 춥기는 했지만 생동감 있는 불빛을 보니 활력이
생겨났다.

호수공원의 밤은 첫 경험이었는데, 음침하고 무서운 느낌이 아니라 어두워질수록
더 화사하게 빛나는 모습이 무척 매력적이었다. 영화나 책 속에서 보았던 '호숫가
마을'에 대한 로망까지도 충족되는 시간이었다.

Cafe

♦ **오리지날플레이버** 카페 겸 편집숍
ADD 경기도 수원시 영통구 대학1로8번길 62-5
TEL 070-4179-8512
OPEN 매일 12:00~20:00
INSTAGRAM @_originalflaver

Cafe

♦ **원오디너리맨션**
ADD 경기도 수원시 영통구 대학1로58번길 23
TEL 070-8771-0525
OPEN 화~일 11:00~21:30 (월요일 휴무)

27

특별할 것 없는 한 해의 마지막 날

덕포진

+

대명항

경기도 김포

SEOUL

사람들이 바글거리는 명소에 가서 다함께 카운트다운을 하던 시기는 지나고야
말았다. 이제는 도저히 체력이 달리고 붐비는 곳도 싫어 그저 조용히 집에서
사랑하는 사람들과 함께 새해에도 잘 부탁한다는 인사를 건네며 맞이하는 것이
좋았다. 그렇게 특별한 계획이 없던 한 해의 마지막 날, 카운트다운은 안방 TV를
보며 하더라도 바람이나 슬쩍 쐬고 오자며 길을 나섰다. 그야말로 바람만이 말을
걸어오는 고요한 곳이었고, 덕분에 우리는 자연스레 지나온 한 해를 돌이켜보고
새해에 이루고 싶은 것들을 이야기하는 시간을 가질 수 있었다.

⊕⚶

바닷바람이 아픈 과거를 감싸 안는 곳
덕포진

주소 경기도 김포시 대곶면 신안리 산105
전화번호 031-980-2965

쨍한 겨울햇살이 내리쬐는 날이었다. 바람 쐬며 한갓지게 돌아다닐 곳을
고민하다가 언젠가 TV에서 보았던 '덕포진'을 떠올렸다. 역사 교과서에서만 듣던
이름인데, 의외로 평화롭고 아늑한 느낌이 드는 풍경이라 깜짝 놀랐던 기억이
난다.

입구에서 언덕길을 올라가면 바로 덕포진이 보이는 것이 아니라 숲속 산책로를
따라 조금 더 걸어가야 덕포진 포대라는 푯말을 만날 수 있다. 이곳은 강화의
초지진, 덕진진과 더불어 외세의 침략을 막기 위한 전략 요충지였고, 특히 수도
서울로 진입하려는 침공을 방어하는 역할을 했다. 익히 들어온 병인양요와
신미양요 때 프랑스와 미국 함대에 맞서 포격전을 벌였던 곳이 바로 덕포진이다.
잊고 있던 역사적 사실을 곱씹으며 지금은 옛 모습대로 복원된 포대 지붕들과
자연적인 언덕을 둘러보았다.

포대가 설치되었던 곳을 중심으로 둥글게 조성된 잔디밭을 따라 걷는다. 주변에는

잣나무, 참나무 숲이 있어 봄이나 여름에 오면 돗자리를 깔고 휴식을 취하는 시민들이 많다. 그래도 관광객이 몰리는 건너편 강화도에 비하면 언제나 한가한 편이다. 포대 앞쪽에서는 강화만의 바닷바람이 불어오고, 바다를 따라 가면 덕포진에서 대명항까지 이어지는 둘레길을 만날 수 있다.

왠지 가까이 가면 안 될 것 같지만 의외로 내부까지 무료 개방하고 있는 포대 안에 들어가 본다. 포를 끼우는 구멍과 포를 지지해주는 돌이 외로이 남아 있다. 조선시대 마지막 방어선 역할을 했던 문화유산 속에 들어오니 쓸쓸한 역사적 아픔들이 머릿속을 스친다.

덕포진 끝에 보이는 손돌묘까지 걸으며 역사 이야기를 나누다, 요즘 이슈가 되는 뉴스 이야기도 했다가, 새해에 각자 혹은 함께 하고 싶은 일들을 꼽으며 시간을 보냈다. 군데군데 마련되어 있는 벤치에 앉아 겨울 풍경이 주는 황량함마저도 즐길 수 있는 한적함이 좋은 곳이었다.

뜨끈한 해물칼국수와 바삭한 왕새우튀김
대명항

주소 경기도 김포시 대곶면 대명리
전화번호 031-988-6394

왠지 같은 해산물도 바닷가에서 먹으면 더 신선하고 맛있게 느껴지지 않던가?
서울, 수도권에서 바닷가 해산물을 원한다면 '대명항'에 가볼 것을 권한다. 이곳은
김포시에서는 하나밖에 없는 포구로 수산시장과 각종 횟집들이 모여 있다.
먼저 대명항 수산시장 구경에 나섰다. 입구 쪽에는 여느 시장처럼 호떡,
가래떡구이, 어묵 같은 길거리 음식과 생활용품을 파는 트럭이 보인다.
어디선가 들려오는 트로트 음악 소리와 누군가 노래를 따라 부르는 목소리가
유난히 정겹다. 수산시장의 매력은 바로 앞바다에서 나는 먹거리가 가득하다는
점이다. 그래서 동해 쪽 수산시장과 달리 대명항에서는 서해바다에서 주로 나는
먹거리가 가득했다. 즉석에서 회를 떠 팔기도 하고, 직접 담가서 파는 간장게장과
양념게장도 먹음직스러웠다. 건너편에는 젓갈만 판매하는 건물도 따로 있다.
수산물 구경을 하다 보니 허기가 졌다. 주차장 근처에 있는 '포구횟집'으로 들어가

밀이's 추천 메뉴	
포구횟집 해물칼국수	1인 6,000원
튀김의 달인 새우튀김 5마리	5,000원
11마리	10,000원

뜨끈한 해물칼국수를 한 그릇 싹싹 비우고, 아까부터 눈여겨봐둔 '튀김의 달인'으로
달려가 왕새우튀김을 시켰다. 통통한 새우살과 바삭한 튀김옷을 베어 물고는 오길
잘했다며 함께 웃었다. 어선들이 정박해 있는 바닷가에 갈매기가 날아다니는
풍경을 보며 바다 냄새를 맡으니 '이렇게 한 해를 무사히 마무리하는구나' 싶어
안도의 한숨이 내쉬어지기도 했다.

28

연휴 마지막 날, 심심한가요?

소양강

+

죽림동 주교좌성당

연휴가 끝나갈 때는 아무것도 안 하고 있으면 더 우울하다. 평소 시간이 나면 하고 싶던 것을 하나쯤 해야 뿌듯한 마음과 함께 다시 일과로 돌아갈 용기가 난다. 사골로 육수를 낸 떡국을 끓여 먹고, 길었던 연휴의 끝을 어떻게 보낼까 하다가 겨울에 더 많이 생각나는 '춘천여행'을 감행했다. 점점 사라져가는 얼음꽃 '상고대'와 오래된 성당의 사진을 찍기 위해서였다. 이른 시간에 출발했더니 도로는 뻥 뚫려 있었고, 블루투스 스피커에서는 「춘천 가는 기차」가 흘러 나왔다.

강원도
춘천

SEOUL

새벽에만 피는 얼음꽃을 보러 가자
소양강

사진 찍는 것을 좋아하다 보니 다른 사람들의 출사 작품도 종종 보게 되는데, 그중 언젠가 나도 꼭 찍으리라 다짐한 것이 있다. 바로 '상고대'다. 대기 중 수증기나 안개·구름의 작은 물방울이 나무 등에 순간적으로 얼어붙으며 생기는 얼음인데, 멀리서 보면 하얗게 핀 얼음꽃처럼 눈보다도 더 신비로운 풍경을 자아낸다. 사진작가가 가장 사랑하는 자연현상이라고도 알려져 있다.

우리나라에서 상고대가 유명한 곳은 덕유산과 소백산이다. 능선을 따라 활짝 피어 있는 얼음꽃이 환상적이라고 한다. 하지만 눈이 많이 오는 겨울산을 올라야 하기 때문에 누구나 쉽게 볼 수 있는 풍경은 아니다. 등산을 하지 않고도 볼 수

있는 곳이 바로 댐 주변이다. 그중에서도 소양강 댐 주변의 소양3교와 소양5교는
상고대 출사지로 이름을 날린 곳이다. 강물 위에 떠 있는 버드나무 군락에 핀
얼음꽃이 물안개 사이로 보여 몽환적인 모습을 렌즈에 담을 수 있다.
그러나 이곳의 상고대도 겨울 동안 늘 볼 수 있는 것은 아니다. 영하 6도
이하의 기온, 80~90%의 습도, 초속 3m 정도의 바람이라는 자연 조건이
딱 맞아떨어져야만 상고대가 생겨나는 데다, 해가 뜨면 금세 사라져 버리기
때문이다. 습도가 올라가는 댐 방류 시 볼 수 있는 확률이 조금 올라간다고 한다.
상고대 사진을 찍겠다며 일출 시간과 온도, 습도, 소양강댐 방류 시간을 검색하던
중 슬픈 소식을 알게 됐다. 온난화로 인한 이상기온 탓에 상고대를 볼 수 있는
날이 점점 줄어들고 있다는 것. 나 역시 순백의 풍경을 기대했지만 방류 시간이
지나고도 얼음꽃은 피어나지 않았다. 시간이 더 많이 흐르기 전에 우리가 지켜내야
할 자연현상이라는 생각이 들었다.
수많은 갈대가 물결치는 모습과 겨울 철새들의 울음소리로 위안을 얻으며
발걸음을 돌렸다. 한 가지 팁을 드리자면, 내가 방문한 겨울보다 안개가 많이
피어오르는 늦가을에 상고대를 볼 확률이 조금 더 높다고 한다.

| 주소 강원도 춘천시 동면 장학리 소양3교/소양5교

평온한 기운이 우리에게 주는 것
죽림동 주교좌성당

주소 강원도 춘천시 약사고개길 21
전화번호 033-254-2631

춘천의 첫 성당으로 향했다. 종교를 가지고 있지 않지만, 성당이나 절이 주는
차분함을 좋아한다. 조용히 거닐며 대화를 나누거나 생각을 정리할 수 있는
안뜰이 있다면 더욱 좋겠다. 성지 순례지로도 유명한 '죽림동 주교좌성당'은 예쁜
안뜰을 가진 곳이다. '예쁜 성당'으로 유명한 명동성당, 전동성당, 공세리성당,
풍수원성당을 모두 들러보았는데, 이곳은 또 다른 느낌을 지니고 있었다. 대부분
붉은 벽돌이 눈에 띄는 외관인 데 비해 죽림동 성당은 무채색 화강암으로 이뤄진
석조 건물인 점이 독특하다. 우리나라 1950년대 석조 성당 건축 모습을 잘
보여주어 문화재로도 지정되어 있다.

언덕 위 아치형 문을 지나면 양쪽으로 회랑이 있는 잔디밭이 펼쳐진다. 파란
하늘과 회색빛 성당, 솟아오른 종탑, 잔디밭의 조화가 마치 유럽 어느 마을의 풍경
같다. 성당의 본 건물은 아담한 규모지만 색감 때문인지, 아니면 그 앞에 서 있는
커다란 느티나무 때문인지 웅장한 분위기를 풍긴다.

성당 내부는 기둥 같은 것 없이 강당처럼 하나의 홀로 되어 있다. 미사 중이
아니었는데도 몇 분이 기도를 드리고 있어서 조용히 다시 문을 닫았다. 성당

둘레를 걷다 보면 뒤뜰에서 전쟁 때 순교한 성직자들의 묘역을 만나게 된다. 신청하면 성지 안내를 받을 수 있고, 초소에서는 성지순례 도장도 찍을 수 있다. 한 바퀴를 돌면서 성당을 사방에서 바라보는 동안 들리는 것은 바람이 불어 나뭇가지가 흔들리는 소리와 새들의 울음소리뿐이었다. 여러 차례 방문했던 춘천이지만 이런 경험을 하고 나니 전혀 다른 이미지의 장소처럼 느껴졌다. 죽림동 성당은 닭갈비 골목에서 걸어서 10분이면 찾아올 수 있으므로 따뜻한 차 한 잔 손에 들고 산책을 즐기러 방문해도 좋을 것이다. 바쁜 일상을 뒤로하고 춘천을 찾았다면 어떤 마음이든 포근하게 감싸줄 것 같은 이곳에 들러보시기를.

 여기도
좋아요

Cafe ◆ 차 마실 산
ADD 강원도 춘천시 신북읍 맥국4길 34
TEL 033-241-6200
OPEN 매일 10:00~19:30

Cafe ◆ 어스17
ADD 강원도 춘천시 신샘밭로 766
TEL 033-244-7876
OPEN 매일 10:00~24:00

29

연인과 어디론가 숨어버리고 싶은 날

전등사

+

동막해변

강화도는 시작하는 연인들에게 잘 어울리는 곳이라고 생각한다.
서울 · 경기권에 한정된 말이기는 하지만 당일치기로 다녀오기에 부담스럽지 않은
거리고, 도로가 연결되어 있을지언정 '섬'으로 떠나온 감흥도 주고, 고즈넉한
절이나 서해바다를 거닐며 해가 지는 풍경 속에서 둘만의 대화를 나누기도
좋기 때문이다. 만난 지 오래된 커플이라면 처음으로 멀리 떠나던 날의 설렘을
떠올리며 함께 조개구이를 먹는 것도 좋겠다. 어색하게 손을 잡고 보폭을 맞추어
걷던 때로 돌아가 오로지 당신에게만 집중하는 시간을 보내기로 했다.

늦겨울 추위와 꽃샘추위가 뒤섞인 듯한 시기에 강화도를 찾았다. 첫 번째 행선지는
몇 년 전 방문했다가 운치 있는 풍경에 반했던, 현존하는 사찰 중 가장 오랜 역사를
지닌 전등사. 산길을 따라 10분 정도 걸으면 매표소가 나타난다. 올라가는 길에
군밤을 사서 하나씩 까먹으며 소풍 온 기분을 냈다.

지금은 앙상한 나뭇가지와 말라버린 낙엽들이 대부분이었지만 제법 산세가 깊다.
다양한 수목 사이에 자리한 절의 모습은 고요한 멋이 있었다. 말소리보다는
새소리가 더 많이 들린다. 산속 사찰에 와서 머리가 맑아지는 시간은 가장
자연스러운 치유라는 생각이 든다.

한 번 돌리면 경전을 읽은 것과 같은 공덕이 있다는 윤장대 주변에는 매화나무가
있었는데, 벌써부터 이제 막 꽃봉오리를 터트려 자그마한 매화꽃이 피어나고
있었다. 오랜만에 화사한 색감을 보니 설레었고, 주위에 모여들어 너도나도

매화꽃을 카메라에 담으려는 모습이 귀여웠다.

경내에 들어서 빽빽하게 매달아 놓은 붉은 연등, 높게 솟은 단청을 하나하나 들여다본다. 곡선이 심한 지붕을 자세히 보면 벌거벗은 여인상과 연꽃, 동물 조각들이 있다. 예전에는 무심코 지나치던 것들이 해가 갈수록 눈에 들어오는 게 참 즐겁다. 붉은 소원지에 소원을 써서 솟대에 달아보기도 했고, 누군가 쌓아놓은 돌탑 위에 나도 돌멩이 하나를 얹으며 바라는 것들을 곱씹기도 했다. 사찰을 둘러보다가 200살이 넘었다는 느티나무에 마련된 의자에 앉으니 조금 더 느긋한 마음으로 풍경을 즐길 수 있었다. 처마에 달린 풍경 소리가 바람을 타고 들려온다. 충분히 휴식을 누렸다면 내려오는 길에 있는 다원에서 대추차와 매실차를 마셔보자. 주차장 옆 식당가에서 판매하는 대추가 동동 떠 있는 갈색빛 막걸리 잔술을 마셔보는 것도 또 다른 재미다.

주소 인천시 강화군 길상면 전등사로 37-41
전화번호 032-937-0125
관람시간 05:00~20:00
관람요금 어른 3,000원, 청소년 2,000원, 어린이 1,000원
홈페이지 www.jeondeungsa.org

끝없는 백사장을 거닐다
동막해변

폭이 좁은 일차선 도로를 따라 드라이브를 하며 동막해변에 도착했다. 물이
빠지면 4km까지 갯벌이 드러나는 이곳은 세계 5대 갯벌로 꼽히는 제법 큰 규모의
해수욕장이다. 광활한 백사장이 펼쳐져 있고, 뒤쪽으로는 소나무숲이 있어
아름다운 자연경관을 자랑한다. 날씨가 따뜻하다면 밀물 땐 해수욕을 즐기고 썰물
땐 갯벌 체험을 할 수 있다. 반면 아주 추운 날 찾으면 얕은 바닷물이 얼어붙어
빙하가 갈라진 듯한 광경을 연출하기도 한다. 동해바다의 푸르디푸른 바닷물은
없지만 대신 널따란 갯벌 너머에 있는 수평선으로 해가 저무는 모습을 감상할 수
있다.
끝이 보이지 않는 해변을 따라 꼭 끌어안은 연인들과 가족들이 걷고 있다. 내가
도착했을 때는 썰물 때여서 바닷물이 발에 닿을락 말락한 모습은 볼 수 없었지만
아직 젖어 있는 모래사장을 밟으며 바다 내음을 만끽했다. 한쪽에서는 아이들이
새우깡을 들고 갈매기와 밀당 중이다. 갈매기가 금방이라도 어깨에 앉을 것 같은
긴장감도 잠시, 해맑게 웃는 아이들을 보며 나도 마냥 즐거워졌다.

동막해변 주위에는 형형색색 간판의 횟집과 밥집도 많고 군것질할 거리들도
많은데, 나는 가장 가까이에 있던 토스트집에 들렀다. 뜨거운 어묵 국물을
마시며 속을 데우고, 토스트 만드시는 모습을 뚫어져라 바라봤다. 버터를 두르고
노릇하게 구워진 식빵 사이에 양배추와 달걀프라이, 설탕, 케첩이 들어간
길거리 토스트! 한 입 베어 물고 나니 그제야 다시 바다가 눈에 들어온다. 차가운
바닷바람을 맞으며 먹었던 토스트가 갑자기 그립다.

주소 인천시 강화군 화도면 해안남로 1481
전화번호 032-937-3828

♦ 매화마름

ADD 인천시 강화군 길상면 길상로25번길 28
TEL 070-4193-4889
OPEN 매일 10:00~22:00

♦ 해든뮤지엄

ADD 인천시 강화군 길상면 장흥리 211-5
TEL 032-937-6911
WEB www.haedenmuseum.com
OPEN 화~일 10:00~18:00
(종료 30분 전 입장 마감, 월요일 휴무)
COST 어른 10,000원(음료 포함),
초 · 중 · 고등학생 30% 할인

여기도 좋아요

30

다시, 봄을 기다리는 마음

능내역과 연꽃마을

+

달빛카페

모두가 숨죽여 새로운 생명의 탄생을 기다리는 시간이다. 곧 봄이 올 거라는
신호는 자연 여기저기서 목격된다. 매일 지나치던 앙상한 나뭇가지에 아주
작은 새순이라도 올라오면 그렇게 반가울 수가 없다. 가끔 너무 일찍 피려다
꽃샘추위에 얼어붙은 꽃봉오리라도 보면 안쓰럽고 안타깝다. 사소한 변화가
기쁠 만큼 겨울의 끝은 유난히 지루하다. 빨리 무거운 외투를 벗어 던지고
가벼운 옷차림으로 거리를 누비고 싶다. 그렇게 우리는 봄을 기다리는
마음으로 작은 흔적을 찾아나섰다.

경기도
남양주

아이들의 웃음소리와 학자의 기품 사이

능내역과 연꽃마을

조용한 시골길, 유난히 사람이 많이 모여 있는 그곳에 '능내역'이 있었다.
능내리라는 조용한 마을에 위치한 이 간이역은 2008년에 더 이상 기차가
다니지 않는 폐역이 된 이후 흉물로 방치되어 있던 것을 마을 사람들의 애정으로
되살리면서 많은 이들이 찾는 쉼터 겸 관광지가 되었다.
옛 모습을 그대로 간직하고 있는 소박한 풍경은 시골역을 처음 찾은 나에게는 무척
푸근한 인상으로 다가왔다. 역 전면에는 내 나이보다도 오래되었을 것 같은 낡은
나무의자들이 나란히 세워져 있고, 그 위로는 능내역의 추억을 고스란히 담아낸
사진들이 노끈에 대롱대롱 매달려 있다. 철도 위에서 해맑게 웃고 있는 아이들의

흑백사진을 보고 있자니 지금쯤 부모님 나이가 되셨을 분들의 놀이터 같았던
공간이었겠다는 생각이 들며 새삼 기차역의 오랜 세월이 가슴으로 다가왔다.
역 내부에는 기차를 기다리는 사람들이 앉았던 회색 의자, 그 위에 놓인
아이스케키통, 벽에 걸린 열차 시간표와 운임표 등으로 능내역 대합실 모습을
고스란히 재현해 두었다. 능내역 주위에 남아 있는 옛 기찻길 일부에는 휴식을
취할 수 있는 테이블과 의자가 마련되어 있고, 예쁜 벽화가 그려진 기차 칸 모양
카페도 운영 중이다. 주변에 유난히 자전거를 탄 사람들이 많아서 신기했는데 알고
보니 근처에 남한강 자전거길이 있었다. 가까이에 작은 식당들도 많아서 자전거를
타다가 잠시 내려 쉬어가기에도 좋아 보였다.

능내역 경기도 남양주시 조안면 다산로 384
연꽃마을 경기 남양주시 조안면 다산로526번길 25-32

식당에서 풍기는 고소한 전 냄새를 맡으며 능내리 '연꽃마을'을 향해 걸었다. 능내역에서는 도보로 5~10분 거리. 다산 정약용의 생가가 있는 연꽃마을은 고요한 분위기가 학자의 기품을 머금고 있는 듯했다. 다산 생가의 당호인 '여유당'이라는 이름과도 잘 어울린다. 아직은 추운 날씨라 연꽃은커녕 연잎조차 올라오지 않은 상태였지만, 연잎이 물 위를 가득 메우기를 기다리는 남한강변은 무척 평화로운 모습이었다. 저 멀리 겹겹이 보이는 무채색 산등선과 잔잔하게 일렁이는 물살이 한 폭의 수묵화 같다.

옛 정취가 남아 있다는 점에서 능내역과 연꽃마을은 공통점이 있지만 능내역은 아이들이 뛰놀던 발랄함이 느껴지고, 연꽃마을은 뒷짐이라도 지고 명상을 해야 할 것 같은 편안함과 여유로움이 느껴진다는 차이가 있었다. 닮은 듯 다른 매력을 가진 두 곳을 돌아보는 동안 내 안에서도 다양한 감정이 오갔다.

♔

강물 위에서 차 한잔해요
달빛카페

주소 경기도 남양주시 화도읍 북한강로 1132-19
전화번호 031-559-0526
영업시간 매일 10:00~20:00

밀이's 추천 메뉴	
아메리카노	6,000원
카페라떼	7,000원
와플	7,000원

남양주에 왔다면 강변에 위치한 카페 한 군데쯤 들러줘야 하기에, 북한강 전망이
보이는 테라스가 유명한 '달빛카페'로 향했다. 다소 촌스러운 간판을 보고는
긴장했는데 내부 공간에 들어서면서 안심이 됐다. 테라스 사진만 봐왔던 터라
처음으로 직접 본 실내는 가구쇼룸 혹은 갤러리 같았다. 제법 넓은 공간에
고풍스러운 가구들이 넓은 간격을 두고 배치되어 있어 서울 외곽으로 나온 것이
실감나기도 했다. 이곳은 애완견을 동반할 수 있는 애견카페이기도 한데, 공간
한편에서 애견용품을 판매하고, 프레리도그, 페럿 등 쉽게 볼 수 없는 동물들도
만나볼 수 있었다.

◆ 마음정원

View

ADD 경기도 남양주시 조안면 북한강로 550

여기도
좋아요

◆ 9BLOCK

Cafe

ADD 경기도 남양주시 조안면 북한강로 914
TEL 031-521-9700
OPEN 10:00~22:00

테라스 쪽으로 나가자마자 바라보이는 북한강 전망은 그야말로 감탄을 자아내게
한다. 기역 자 구조의 테라스 아래에는 북한강물이 흘러 수상가옥처럼 강 위에
둥둥 떠 있는 기분도 들었다. 한강 뷰가 잘 보이는 가장자리에 테이블이 줄지어
놓여 있고, 툭 튀어 나온 부분에는 유리관처럼 생긴 실내 공간을 만들어두어
날씨가 궂어도 생생한 풍경을 즐길 수 있다. 아래쪽에 보이는 수상스키장은
이곳에서 함께 운영하는 곳이라고 한다.

제일 마음에 드는 위치에 자리를 잡고 앉아 북한강을 바라보기도 하고, 커피를
마시며 달달한 와플을 함께 먹으니 묵은 스트레스까지도 모두 날아가는 느낌이다.
겨울 내내 테라스가 예쁜 카페에 가도 실내에 앉아 아득하게 바라만 보았는데,
올해 첫 '테라스 커피'를 개시했다며 신나게 떠들어댔다. 물론 아직은 날씨가
쌀쌀하니 감기에 걸리지 않도록 미리 무릎담요처럼 덮을 것을 준비하는 센스를
발휘하자!

가 까 이 에   이 렇 게   좋 은   데 가   있 었 어 ?

초판 1쇄 2016년 9월 10일

지은이 ㅣ 이미리

발행인 ㅣ 이상언
제작책임 ㅣ 노재현
편집장 ㅣ 이정아
에디터 ㅣ 주소은
디자인 ㅣ 렐리시
마케팅 ㅣ 오정일, 김동현, 김훈일, 한아름, 이연지

발행처 ㅣ 중앙일보플러스(주)
주소 ㅣ (04517) 서울시 중구 통일로 92 에이스타워 4층
등록 ㅣ 2007년 2월 13일 제2-4561호
판매 ㅣ 1588-0950
제작 ㅣ (02) 6416-3957
홈페이지 ㅣ www.joongangbooks.co.kr
페이스북 ㅣ www.facebook.com/hellojbooks

ⓒ 이미리, 2016
ISBN 978-89-278-0796-4 (03980)